DAS HANDBUCH DES WURMFARMERS

Ein Leitfaden für Landwirte zur Wurmkompostierung, Wurmkultur und Herstellung von Wurmkästen

Don T. Hansen

INHALTSVERZEICHNIS

- Vorbeugung und Behandlung häufiger Probleme (Milben, Geruch usw.)

- Wie man Wurmgussteile erntet
- Beste Techniken für die Vermicompost-Ernte
- Trennung von Würmern und Wurmkompost für maximale Effizienz

- Anwendung von Wurmgüssen im Gartenbau und in der Landwirtschaft
- Ernährungsvorteile für Pflanzen und Bodengesundheit
- Wie man die Wirkung von Wurmkompost im ökologischen Landbau maximiert

- Wie man die Wurmpopulation effektiv erhöht

- Einrichten zusätzlicher Behälter und Systeme
- Verwaltung einer größeren Wurmfarm

KAPITEL 9: FEHLERBEHEBUNG UND HÄUFIGE HERAUSFORDERUNGEN (S. 115–124)

- Überwindung häufiger Probleme bei der Wurmzucht (Überfütterung, Schädlinge usw.)
- Gewährleistung der Langlebigkeit und Nachhaltigkeit Ihrer Wurmfarm
- Praktische Lösungen für Temperatur- und Feuchtigkeitsschwankungen

KAPITEL 10: DIE ZUKUNFT DER WURMFARM (S. 125-136)

- Innovationen in Wurmzuchttechniken
- Die wachsende Nachfrage nach Vermikultur und Vermikompost
- Wie Wurmzüchter Nachhaltigkeitsbemühungen unterstützen können

KAPITEL 11: ENDGÜLTIGES FAZIT: EIN WURMFARMER-LEITFADEN ZUM ERFOLG (S. 137-147)

- Abschließende Tipps für eine blühende Wurmfarm
- Wie man in der Wurmzucht weiter lernt und wächst
- Ressourcen und Unterstützungsnetzwerke für Wurmzüchter

EINFÜHRUNG IN DIE WURMFARMING

Wurmzucht, auch Vermikultur genannt, ist die Technik der Kultivierung von Würmern zur Kompostierung und Verbesserung des Bodens. In den letzten Jahren hat es viel Aufmerksamkeit erhalten, nicht nur als Zeitvertreib, sondern auch als wichtige Aktivität zur Förderung von Nachhaltigkeit und Bodengesundheit. Das Verfahren schafft eine Umgebung, in der Würmer leben, sich vermehren und organischen Abfall in nährstoffreichen Kompost umwandeln können, der als Wurmkompost oder Wurmkompost bekannt ist. Diese Einführung führt Sie durch die Grundlagen der Wurmzucht, ihre Rolle in der Landwirtschaft und warum die Gründung einer eigenen Wurmfarm sowohl zufriedenstellend als auch umweltfreundlich sein kann.

Was ist Wurmzucht?

Unter Wurmzucht versteht man die Kultivierung bestimmter Regenwurmarten mit dem Ziel, organische Abfälle zu hochwertigem Kompost zu recyceln. Die wichtigsten Arten, die in der Wurmzucht eingesetzt werden, sind der Rote Wurmwurm (Eisenia fetida) und der Europäische Nachtkriecher (Eisenia hortensis), die beide wirksam organisches Material verdauen und nährstoffreiche Exkremente erzeugen. Diese Gussteile, oft bekannt als **„Schwarzes Gold"** von Gärtnern und Landwirten sind ein ausgezeichneter organischer Dünger, der die Bodenstruktur verbessert, die

Pflanzenentwicklung fördert und die mikrobielle Aktivität im Boden erhöht.

Dabei wird eine kontrollierte Umgebung geschaffen, in der Würmer in Behältern oder Betten gehalten werden, die mit organischem Einstreumaterial wie Papierschnitzel, Blättern oder Kokosnussfaser ausgekleidet sind. Diese Behälter werden dann mit organischem Müll wie Obstschalen, Gemüseresten, Kaffeesatz und anderen biologisch abbaubaren Gegenständen gefüllt. Würmer fressen diese Materialien, zersetzen sie und verwandeln sie in Wurmkompost. Dieses Verfahren reduziert nicht nur den Müll, sondern schafft auch eine nützliche Ressource für die Landwirtschaft und den Gartenbau.

Die Wurmzucht unterscheidet sich von herkömmlichen Kompostierungstechniken dadurch, dass sie den Schwerpunkt auf Würmer als Hauptverursacher der Zersetzung legt. Bei der herkömmlichen Kompostierung werden Mikroben eingesetzt, um organische Abfälle zu zersetzen, aber die Wurmzucht beschleunigt den Prozess, was zu Wurmkompost mit erhöhtem Nährstoffgehalt führt.

Die Bedeutung von Würmern in der Landwirtschaft und Kompostierung

Regenwürmer werden wegen ihrer Fähigkeit, den Boden zu belüften und organisches Material zu zersetzen, als „Pflug der Natur" bezeichnet. Ihre Funktion in der Landwirtschaft ist geradezu entscheidend. Würmer graben sich in die Erde und schaffen Tunnel, durch die Luft und Wasser effizienter an die Pflanzenwurzeln gelangen. Dieser Prozess, bekannt als **Bioturbation**, verbessert die Bodenstruktur, verringert die Verdichtung und fördert ein stärkeres Wurzelwachstum, was zu gesünderen Pflanzen führt.

Neben ihrem physikalischen Einfluss auf den Boden spielen Würmer eine wichtige Rolle im Stickstoffkreislauf. Wenn sie organisches Material zu sich nehmen, zerlegen sie es in winzige Stücke, die für Pflanzen leichter verfügbar sind. Wurmkot enthält wichtige Nährstoffe wie Stickstoff, Phosphor und Kalium, die für die Pflanzenentwicklung erforderlich sind. Diese Nährstoffe werden nach und nach zugeführt und stellen so sicher, dass die Pflanzen eine gleichmäßige Nahrungsmenge erhalten.

Würmer tragen auch dazu bei, die mikrobiologische Vielfalt des Bodens zu erhöhen. Ihr Verdauungstrakt fördert das Wachstum nützlicher Bakterien und Pilze, die den Abbau organischer Materialien und die Verfügbarkeit von Nährstoffen für Pflanzen unterstützen. In einem gesunden Bodenökosystem arbeiten Würmer mit Mikroben zusammen, um eine ausgewogene Umgebung zu schaffen, die eine nachhaltige Landwirtschaft fördert.

Würmer tragen wesentlich zum Abbauprozess bei der Kompostierung bei. Herkömmliche Komposthaufen können mehrere Monate brauchen, um organisches Material abzubauen, aber Wurmfarmen beschleunigen den Prozess, indem sie es den Würmern ermöglichen, das Material viel schneller aufzunehmen und in nützlichen Kompost umzuwandeln. Die Wurmzucht ist eine wirksame und ökologisch vorteilhafte Alternative zur Bewirtschaftung organischer Abfälle, insbesondere in städtischen oder kleinbäuerlichen landwirtschaftlichen Umgebungen mit begrenztem Raum und Zeit.

Warum eine Wurmfarm gründen?

Die Gründung einer Wurmfarm hat zahlreiche Vorteile, sowohl für die Umwelt als auch für Menschen, die ihre Garten- oder Landwirtschaftspraktiken verbessern möchten. Hier sind einige gute Gründe, die Gründung einer Wurmfarm in Betracht zu ziehen:

1. **Umweltfreundliche Abfallwirtschaft**: Wurmzucht ist eine großartige Methode zum Recycling organischer Abfälle. Anstatt Essensreste, Gartenschnitt und andere biologisch abbaubare Gegenstände wegzuwerfen, geben Sie

sie Ihren Würmern. Dies minimiert die Methanemissionen von Mülldeponien, spart Platz auf der Mülldeponie und verwandelt Müll in eine nützliche Ressource für Ihren Garten oder Bauernhof.

2. Nachhaltige Düngemittelproduktion: Wurmkompost ist ein reichhaltiger organischer Dünger, der die Bodengesundheit und die Pflanzenentwicklung fördern kann. Wurmkompost ist im Gegensatz zu Kunstdünger völlig natürlich und unschädlich für die Umwelt. Seine Funktion zur langsamen Freisetzung sorgt dafür, dass die Pflanzen die Nährstoffe über einen längeren Zeitraum hinweg gleichmäßig aufnehmen, wodurch der Verlust von Nährstoffen begrenzt und die Gefahr einer Überdüngung verringert wird.

3. Gesündere Pflanzen und Böden: Wurmkot liefert wichtige Nährstoffe, die Pflanzen zum Wachsen benötigen. Dazu gehören auch hilfreiche Bakterien, die bei der Bekämpfung von Pflanzenkrankheiten helfen und die

Bodenfruchtbarkeit fördern. Die Verwendung von Wurmkompost kann die allgemeine Gesundheit Ihres Bodens verbessern, ein besseres Wurzelwachstum anregen und die Ernteerträge auf natürliche und nachhaltige Weise steigern.

4. Kostengünstige Lösung: Für Gärtner und Kleinbauernhöfe kann die Wurmzucht eine kostengünstige Lösung sein, um zu Hause hochwertigen Kompost herzustellen. Es macht kommerzielle Düngemittel und Bodenzusätze überflüssig, was Geld spart und gleichzeitig die Leistung verbessert. Darüber hinaus sind für eine einmal eingerichtete Wurmfarm keine weiteren Investitionen erforderlich, da sich die Würmer von selbst vermehren und weiterhin Kompost erzeugen, solange sie richtig gefüttert und gepflegt werden.

5. Lehrreich und unterhaltsam: Wurmzucht ist nicht nur nützlich, sondern auch lehrreich und angenehm, insbesondere für Familien, Schulen und Gemeinschaftsorganisationen. Es vermittelt wertvolle Erkenntnisse über Nachhaltigkeit, Biologie und Ökologie. Zuzusehen, wie Würmer Lebensmittelabfälle in nützlichen Kompost verwandeln, ist ein befriedigendes Erlebnis, das Ihr Interesse für Umweltschutz und Gartenarbeit wecken kann.

6. Ein Kleinunternehmen gründen: Für Einzelpersonen mit unternehmerischen Ambitionen kann die Wurmzucht in ein kleines Unternehmen umgewandelt werden. Der Verkauf von Würmern, Wurmkompost und Wurmkompost an lokale Gärtner, Landwirte und Biomärkte kann zu einem konstanten Einkommen führen. Die Wurmzucht ist ein Nischengeschäft mit enormem Entwicklungspotenzial angesichts der wachsenden Nachfrage nach nachhaltigen Agrartechniken, Bio-Produkten und Maßnahmen zur Abfallreduzierung.

Zusammenfassend lässt sich sagen, dass die Wurmzucht eine sehr nachhaltige und umweltfreundliche Methode ist, die mehrere

Vorteile für den Boden, die Pflanzen und die Umwelt mit sich bringt. Ganz gleich, ob Sie ein Hobbygärtner, ein Kleinbauer oder jemand sind, dem die Abfallreduzierung am Herzen liegt, die Gründung einer Wurmfarm ist eine großartige Möglichkeit, etwas zu bewirken. Würmer sind in der Landwirtschaft und Kompostierung sehr wichtig, da sie zur Erhaltung gesunder Bodenökosysteme beitragen und nachhaltige landwirtschaftliche Methoden fördern. Die Gründung einer Wurmfarm ist nicht nur praktisch, sondern macht auch Spaß, da sie sowohl persönliche als auch ökologische Vorteile mit sich bringt.

KAPITEL 1

VERMIKULTUR VERSTEHEN

Die Vermikultur bzw. die Technik der Züchtung und Erhaltung von Regenwürmern für landwirtschaftliche Zwecke erfreut sich bei Landwirten und Gärtnern, die nach langfristigen Lösungen zur Verbesserung der Bodenfruchtbarkeit und Pflanzengesundheit suchen, immer größerer Beliebtheit. Die

Vermikultur konzentriert sich auf die symbiotische Verbindung zwischen Regenwürmern und Boden und erkennt an, dass diese einzigartigen Tiere eine wichtige Rolle bei der Erhaltung einer gesunden Umwelt spielen.

Für die Landwirte bringt es eine Reihe von Vorteilen mit sich. In erster Linie handelt es sich um eine wirksame Möglichkeit, organische Abfälle zu recyceln, indem Küchenabfälle, Gartenabfälle und andere biologisch abbaubare Materialien in nährstoffreichen Wurmkompost umgewandelt werden. Dieser Ansatz verringert nicht nur den Müll auf Deponien, sondern fördert auch ein geschlossenes Kreislaufsystem, in dem Ressourcen wiederverwendet werden, und fördert so die Nachhaltigkeit. Landwirte, die Vermikultur betreiben, stellen oft fest, dass ihre Abhängigkeit von Kunstdünger abnimmt, da Regenwurmkot die notwendigen Elemente liefert, die eine starke Pflanzenentwicklung unterstützen.

Darüber hinaus fördert die Vermikultur die Bodenbelüftung und verbessert die Struktur. Regenwürmer graben sich in den Boden ein und bilden Kanäle, die das Eindringen und Abfließen von Wasser verbessern. Dieser natürliche Prozess trägt dazu bei, die Bodenverdichtung zu reduzieren, wodurch Wurzeln tiefer eindringen und einen besseren Zugang zu Feuchtigkeit und Nährstoffen haben. Darüber hinaus unterstützt die Arbeit von Regenwürmern den Abbau organischer Materialien, füllt den Boden mit Humus auf und unterstützt eine gesunde Mikrobenpopulation.

Um die Wurmkultur zu verstehen, muss man auch die pädagogischen Vorteile schätzen, die sie den Landwirten bietet. Landwirte können ein besseres Verständnis der Bodengesundheit und des ökologischen Gleichgewichts erlangen, indem sie das Verhalten und die Anforderungen von Regenwürmern untersuchen. Diese Informationen ermöglichen es den Menschen, fundierte Entscheidungen hinsichtlich ihrer Anbautechniken zu treffen, was zu nachhaltigeren und widerstandsfähigeren landwirtschaftlichen Systemen führt.

Nutzbare Regenwurmarten

Wenn es um die Vermikultur geht, sind nicht alle Regenwürmer gleich. Verschiedene Arten haben unterschiedliche Merkmale, die sie für unterschiedliche landwirtschaftliche Strategien geeignet machen. Im Folgenden sind einige der am häufigsten verwendeten Regenwurmarten in der Wurmkultur aufgeführt:

1. Rote Wiggler (Eisenia fetida): Rote Wiggler werden manchmal als der perfekte Kompostwurm bezeichnet und gedeihen unter Bedingungen von organischem Abfall. Sie sind klein, erreichen eine Länge von 3 bis 4 Zoll und sind rotbraun gefärbt. Rote Wiggler sind gefräßige Fresser, die täglich bis zur Hälfte ihres Körpergewichts an organischen Materialien zu sich nehmen, was sie ideal für die Kompostierung zu Hause macht. Ihre schnelle Fortpflanzungsrate ermöglicht ihnen eine schnelle Vermehrung und sorgt so für eine konstante Versorgung der Landwirte mit Würmern.

2. Europäische Nachtkriecher (Eisenia hortensis): Diese Würmer sind größer als rote Würmer und können bis zu 15 cm lang werden. Europäische Nachtkriecher eignen sich hervorragend zur Kompostierung und zum Fischen von Ködern, was sie zu einer flexiblen Option für Landwirte macht. Sie bevorzugen etwas niedrigere Temperaturen und zeichnen sich durch ihre Fähigkeit aus, tiefer in den Boden einzudringen, was die Belüftung und Nährstoffverteilung unterstützt.

3. Afrikanische Nachtkriecher (Eudrilus eugeniae): Diese in Afrika beheimateten Würmer sind größer und entwickeln sich schneller als ihre europäischen Verwandten. Sie können bis zu 20 Zentimeter lang werden und gedeihen in warmen Regionen. Afrikanische Nachtkriecher eignen sich besonders gut für tropische Regionen, wo sie organische

Materialien effizient abbauen und hochwertigen Wurmkompost herstellen können.

4. Rotwürmer (Lumbricus rubellus): Rotwürmer kommen ebenso wie Rotwürmer häufig in Kompostierungssystemen vor. Sie zersetzen organische Abfälle wirksam und halten niedrigeren Temperaturen stand, was sie ideal für die Vermikultur im Freien in gemäßigten Gebieten macht.

Die Auswahl der geeigneten Arten für die Vermikultur ist wichtig für den Erfolg der Operation. Landwirte sollten bei der Auswahl der Regenwurmarten die Temperatur, die verfügbare Fläche und die Art der verdauten organischen Abfälle berücksichtigen.

Der Einfluss von Würmern auf die Bodengesundheit und das Pflanzenwachstum

Die Bedeutung von Regenwürmern für die Verbesserung der Bodengesundheit und der Pflanzenentwicklung kann nicht betont werden.

Diese Tiere werden aus gutem Grund oft als „Pflug der Natur" bezeichnet. Ihre natürlichen Wirkungen haben erhebliche Auswirkungen auf die Gesamtqualität und Fruchtbarkeit des Bodens.

1. Bodenbelüftung: Regenwürmer kriechen in den Boden und bilden Tunnel, die die Belüftung verbessern. Dieses Verfahren verbessert die Luftzirkulation, was die Entwicklung nützlicher Bodenbakterien fördert. Belüfteter Boden speichert außerdem besser die Feuchtigkeit, die für Pflanzenwurzeln notwendig ist.

2. Nährstoffkreislauf: Regenwürmer spielen eine wichtige Rolle im Nährstoffkreislauf, indem sie organische Abfälle zersetzen. Während sie zerfallende Materialien verschlingen, verwandeln sie diese in nährstoffreiche Abfälle. Diese Abfälle enthalten wichtige Nährstoffe wie Stickstoff, Phosphor und Kalium, die für Pflanzen leicht zugänglich sind. Diese natürliche Düngemethode verringert den Bedarf an synthetischen Düngemitteln und führt zu besseren Ernten.

3. Mikrobielle Aktivität: Das Vorhandensein von Regenwürmern erhöht die mikrobielle Aktivität im Boden. Wurmabgüsse nähren nützliche Bakterien und Pilze, was zu einer lebendigen Ökologie führt, die die Pflanzengesundheit fördert. Diese Mikroben helfen bei der Verdauung organischer Materialien und liefern die für die Pflanzenentwicklung erforderlichen Nährstoffe.

4. Verbesserte Bodenstruktur: Würmer helfen bei der Bildung von Bodenaggregaten, also Ansammlungen von Bodenpartikeln, die die Bodenstruktur verbessern. Eine gesunde Bodenstruktur verbessert die Wasserspeicherung und -entwässerung und ermöglicht den Wurzeln einen besseren Zugang zu Nährstoffen und Feuchtigkeit.

5. Krankheitsunterdrückung: Untersuchungen zufolge können Regenwürmer dabei helfen, einige durch den Boden übertragene Krankheiten zu verhindern. Nützliche mikrobielle Gemeinschaften, die durch die Aktivität von Regenwürmern gefördert werden, können mit gefährlichen Krankheitserregern konkurrieren und so das Risiko von Pflanzenkrankheiten verringern.

Daher ist die Vermikultur ein wirksames Instrument für Landwirte, die die Bodengesundheit verbessern und nachhaltige landwirtschaftliche Methoden fördern möchten. Sie werden die natürlichen Vorteile von Regenwürmern nutzen, indem Sie ihren Wert erkennen und die geeignete Art für ihr Geschäft auswählen. Die Integration der Wurmkultur in landwirtschaftliche Techniken verbessert nicht nur die Bodenfruchtbarkeit, sondern kommt auch der Gesundheit des Ökosystems zugute und fördert eine nachhaltigere landwirtschaftliche Zukunft.

KAPITEL 2

Wurmkompostierung

Die Grundlage der Wurmzucht

Die Wurmkultur oder Wurmzucht basiert auf einem Prozess, der als Wurmkompostierung bekannt ist. Dieser natürliche, umweltfreundliche Prozess basiert auf der Aktivität von Würmern, um organischen Abfall in reichhaltigen, nährstoffreichen Kompost umzuwandeln. Wurmkompostierung ist die Grundlage einer nachhaltigen Landwirtschaft und ökologisch verantwortungsvoller Gartenbaumethoden und bietet eine effektive Möglichkeit, organische Abfälle zu recyceln und gleichzeitig den Bedarf an synthetischen Düngemitteln zu minimieren. Das Verständnis der Wurmkompostierung ist für jeden, der die Bodenqualität verbessern, die Pflanzenentwicklung fördern und zu einem Kreislaufsystem in der Landwirtschaft beitragen möchte, von entscheidender Bedeutung. In diesem ausführlichen Tutorial werden wir uns eingehend damit befassen, was Wurmkompostierung ist, wie sie funktioniert und welche vielen Vorteile sie für Bauernhöfe und Gärten bietet.

Was ist Wurmkompostierung?

Bei der Wurmkompostierung handelt es sich um den Prozess, bei dem Würmer, typischerweise Rote Wurmwürmer (Eisenia fetida) oder Europäische Nachtkriecher (Eisenia hortensis), organische Rückstände in ein nährstoffreiches Material abbauen, das als Wurmguss oder Wurmguss bekannt ist. Diese organische Substanz besteht aus Küchenabfällen, Blättern, Gartenabfällen und anderen biologisch abbaubaren Dingen, die sonst auf einer Mülldeponie landen könnten. Bei der Verdauung durch Würmer entsteht eine schwarze, krümelige Substanz, die reich an leicht zugänglichen Nährstoffen ist, die für die Pflanzengesundheit von entscheidender Bedeutung sind.

Gärtner und Landwirte bezeichnen Wurmgussteile aufgrund ihres hohen Nährstoffgehalts häufig als „schwarzes Gold". Diese Nährstoffe sind für die Pflanzenentwicklung notwendig, darunter Stickstoff, Phosphor, Kalium und Spurenelemente wie Kalzium und Magnesium. Wichtig ist, dass Wurmkompost hilfreiche Bakterien enthält, die die Bodengesundheit verbessern und die symbiotischen Interaktionen fördern, die Pflanzen zum Wachstum benötigen.

Es unterscheidet sich von herkömmlichen Kompostierungsprozessen, die hauptsächlich auf Bakterien und Pilzen basieren, um organisches Material durch Wärmeerzeugung zu zersetzen. Die Wurmkompostierung findet bei niedrigeren Temperaturen statt, sodass die Würmer aktiv bleiben und gleichzeitig ein stabileres Produkt entsteht, das für die sofortige Anwendung in Gärten oder Feldern geeignet ist.

Während Wurmkompostierung ein natürlicher Prozess ist, erfordert die Schaffung eines effizienten und produktiven Systems sorgfältiges Design und Liebe zum Detail. Werfen wir einen genaueren Blick auf jeden Schritt der Wurmkompostierung.

Einrichten des Wurmbehälters

Der erste Schritt zur effektiven Wurmkompostierung besteht darin, einen guten Wurmkasten zu schaffen. Behälter gibt es in verschiedenen Formen und Größen, von einfachen DIY-Behältern aus Holz oder

Kunststoff bis hin zu komplizierten professionellen Wurmkultursystemen. Was auch immer Sie wählen, der Behälter sollte eine ausreichende Luftzirkulation und Entwässerung ermöglichen, da Würmer in Situationen mit ausreichend Sauerstoff und milder Feuchtigkeit gedeihen.

Für die meisten Kleinbetriebe, wie z. B. die Gartenarbeit im Hinterhof, reicht ein Behälter aus, der aus einer Plastikwanne oder einer Holzkiste mit Luftlöchern besteht. Legen Sie den Behälter mit Einstreumaterial wie zerkleinertem Zeitungspapier, Pappe, Kokosnuss oder Stroh aus. Diese Einstreu ermöglicht Würmern das Eingraben und speichert Feuchtigkeit. Das Einstreumaterial dient den Würmern auch als erste Nahrungsquelle, während sie sich an ihre neue Umgebung gewöhnen.

Der Behälter sollte an einem kühlen, schattigen Ort gelagert werden, egal ob drinnen oder draußen. Würmer können bei direkter Sonneneinstrahlung oder extremen Temperaturen nicht gedeihen, daher ist die

Aufrechterhaltung eines konstanten Klimas von entscheidender Bedeutung.

Die richtigen Würmer auswählen

Nicht alle Würmer sind für die Wurmkompostierung geeignet. Die idealen Arten für diese Technik sind der Rote Schlangenfisch (Eisenia fetida) und der Europäische Nachtkriecher (Eisenia hortensis). Besonders die Roten Wiggler werden wegen ihrer Fähigkeit geschätzt, in flachem, dichtem organischem Material zu gedeihen, sich schnell zu vermehren und so eine konstante Population für die Abfallverarbeitung aufrechtzuerhalten. Diese Würmer leben oben, während Regenwürmer tiefer im Boden graben.
Europäische Nachtkriecher sind zwar größer und vermehren sich langsamer als Rotkäppchen, sind aber eine beliebte Option für größere Wurmkompostierungsanlagen, da sie mehr Müll auf einmal verdauen können. Beide Arten können pro Tag fast die Hälfte ihres Gewichts an

Nahrung aufnehmen und diese in satte, schwarze Würfe verwandeln.

Die Würmer füttern

Die Würmer in einem Wurmkompostierungssystem benötigen eine abwechslungsreiche Ernährung mit organischen Abfällen. Dabei handelt es sich häufig um Obst- und Gemüsereste, Kaffeesatz, Teeblätter, zerbrochene Eierschalen und einige Arten von Gartenabfällen, wie zum Beispiel abgestorbene Pflanzen oder Blätter. Bestimmte Güter müssen gemieden werden, da sie die Würmer schädigen oder das Gleichgewicht des Systems stören könnten. Vermeiden Sie Fleisch, Milchprodukte, fettige Lebensmittel, Zitrusschalen, Zwiebeln und Knoblauch, da diese Insekten anlocken, schlechte Gerüche abgeben oder den Behälter übermäßig sauer machen können. Lebensmittelabfälle sollten in kleinere Stücke geschnitten oder geschreddert werden, um den Zersetzungsprozess zu beschleunigen. Während die Würmer das Mehl verdauen, wandeln sie es in Exkremente um, die die ursprünglichen Nährstoffe enthalten, aber für Pflanzen leichter zugänglich sind.

Erhaltung der Umwelt

Feuchtigkeit und Temperatur:
Würmer brauchen zum Leben eine feuchte, aber nicht zu nasse Atmosphäre. Die Bettwäsche sollte sich wie ein ausgewrungener Schwamm anfühlen, feucht, aber nicht nass. Zu viel Feuchtigkeit kann zu anaeroben Bedingungen führen, die Würmer ersticken und die Ausbreitung gefährlicher Keime fördern. Wenn der Behälter zu trocken wird, können die Würmer austrocknen und ihre Fähigkeit verlieren, organisches Material zu verstoffwechseln.

Ebenso wichtig ist die Aufrechterhaltung der richtigen Temperatur. Der ideale Temperaturbereich für die Wurmkompostierung liegt zwischen 13 °C und 25 °C. Wenn die

Temperatur zu hoch ansteigt, können die Würmer sterben oder versuchen, den Behälter zu verlassen. Wenn die Temperatur ebenfalls zu niedrig ist, verlangsamt sich ihre Aktivität und sie können in einen Ruhezustand verfallen. Wurmkompostierungssysteme im Freien erfordern möglicherweise zusätzliche Vorsichtsmaßnahmen, um den Behälter während der Wintermonate zu isolieren oder ihn im Sommer vor starker Hitze zu schützen.

Ernte des Wurmkomposts:
Nach vielen Monaten konsequenter Fütterung und Wurmpflege ist der Wurmkompostierungsbehälter voll mit nährstoffreichen Wurmkots. Jetzt ist es an der Zeit, den Wurmkompost zu ernten. Eine Möglichkeit besteht darin, den Inhalt des Behälters auf eine Seite zu schieben und die leere Seite mit neuer Einstreu und Lebensmitteln zu füllen. Die Würmer werden schließlich zu ihrem neuen Nahrungsangebot umziehen und die Exkremente zurücklassen.

Der Abguss ist schwarz und bröckelig, mit einem starken, erdigen Aroma. Sie können direkt im Garten oder auf dem Bauernhof verwendet werden, um die Bodenqualität zu verbessern, oder sie können gesiebt werden, um unverarbeitetes Material und Würmer zu entfernen.

Vermicompost kann je nach Ihren Anforderungen in verschiedenen Anwendungen eingesetzt werden. In Gärten kann es in die Erde rund um die Pflanzen eingemischt oder als Top-Dressing verwendet werden, um die Bodenstruktur und die Feuchtigkeitsspeicherung zu verbessern. In der Landwirtschaft kann es als Langzeitdünger, der eine langfristige Ernährungsunterstützung bietet, in größeren Regionen eingesetzt werden. Der Blumenerde kann auch Wurmkompost zugesetzt werden, um das Wachstum von Zimmerpflanzen zu fördern.

Darüber hinaus kann Wurmkompost zu einer Flüssigkeit namens Komposttee aufgebrüht werden, einem hochkonzentrierten Dünger, der sich für Blattdüngung oder Tropfbewässerungssysteme eignet.

Vorteile der Wurmkompostierung für Ihren Bauernhof oder Garten

Wurmkompostierung hat mehrere Vorteile, die über die grundlegende Abfallreduzierung hinausgehen. Hier sind einige der wichtigsten Vorteile:

Nährstoffreicher Dünger:
Der hohe Nährstoffgehalt von Wurmkompost ist einer der Hauptgründe, warum Landwirte und Gärtner ihn so lieben. Es enthält lebenswichtige Pflanzennährstoffe wie Stickstoff, Phosphor, Kalium, Kalzium, Magnesium und Spurenelemente. Diese Nährstoffe werden im Laufe der Zeit nach und nach zugeführt, sodass die Pflanzen während ihrer Entwicklung das aufnehmen können, was sie benötigen. Diese stetige Freisetzung bedeutet, dass Wurmkompost die Pflanzen noch lange nach der Ausbringung nährt, im Gegensatz zu synthetischen Düngemitteln, die möglicherweise einen

sofortigen Nährstoffschub bewirken, aber bald erschöpft sind.

Verbesserte Bodenstruktur:
Wurmkompost verbessert die physikalischen Eigenschaften des Bodens, indem er die Wasserspeicher- und Entwässerungskapazität verbessert. Die organische Substanz im Wurmkompost trägt zu einer krümeligen Bodenstruktur bei, wodurch die Wurzeln schneller eindringen und Wasser und Mineralien aufnehmen können. Diese verbesserte Bodenstruktur minimiert auch die Wahrscheinlichkeit einer Verdichtung, ein typisches Problem in landwirtschaftlichen Gebieten und Gärten mit schweren Lehmböden.

Erhöhte mikrobielle Aktivität:
Wurmkompost ist reich an hilfreichen Mikroorganismen wie Bakterien, Pilzen und Protozoen. Diese Bakterien spielen eine wichtige Rolle für die Bodengesundheit, indem sie organische Ablagerungen zersetzen, Nährstoffe umwandeln und gefährliche Krankheitserreger

hemmen. Diese im Wurmkompost vorkommenden Bakterien tragen zur Bildung einer lebendigen, dynamischen Bodenumgebung bei, die eine gesunde Pflanzenentwicklung fördert.

Verbesserte Pflanzengesundheit und Erträge:
Untersuchungen zufolge sind mit Wurmkompost erzeugte Pflanzen gesünder und produktiver. Vermicompost liefert nicht nur wichtige Nährstoffe, sondern hilft Pflanzen auch dabei, stärkere Wurzelsysteme aufzubauen, wodurch sie widerstandsfähiger gegen Umwelteinflüsse wie Dürre und Krankheiten werden. Studien zufolge können mit Wurmkompost erzeugte Pflanzen größere, qualitativ hochwertigere Früchte, Gemüse oder Blumen hervorbringen, was sowohl für Hobbygärtner als auch für kommerzielle landwirtschaftliche Betriebe erhebliche Vorteile bietet.

Vorteile für die Umwelt:
Wurmkompostierung hat mehrere Vorteile für die Umwelt. Durch die Entfernung organischer

Abfälle von Mülldeponien trägt es dazu bei, den Ausstoß von Methan, einem starken Treibhausgas, zu minimieren. Durch die Wurmkompostierung wird auch der Bedarf an Kunstdünger reduziert, der ins Grundwasser gelangen und zur Wasserverschmutzung beitragen kann. Vermicomposting fördert einen nachhaltigeren und umweltfreundlicheren Ansatz in der Landwirtschaft und im Gartenbau, indem es den Bedarf an synthetischen Inputs eliminiert.

Kosteneinsparungen:
Vermicompost bietet Landwirten und Gärtnern eine kostengünstige Alternative zu herkömmlichen Düngemitteln und Bodenverbesserern. Sobald ein Wurmkompostierungssystem eingerichtet ist, erzeugen die Würmer weiterhin Abfälle mit minimalem Aufwand, wodurch der Kauf teurer Düngemittel oder die Entsorgung organischer Abfälle entfällt. Im Laufe der Zeit können Kostensenkungen erheblich sein, insbesondere für größere Unternehmen.

Vielseitigkeit in der Anwendung:
Wurmkompost kann auf vielfältige Weise
genutzt werden, was ihn zu einem
anpassungsfähigen Werkzeug zur Verbesserung
der Bodengesundheit macht. Es kann direkt zum
Pflanzen von Beeten verwendet, in Blumenerde
eingemischt oder mit Komposttee für
Blattdüngung und Bewässerungssysteme
kombiniert werden. Die Anpassungsfähigkeit
von Vermicompost ermöglicht den Einsatz in
nahezu jeder Garten- oder
Landwirtschaftstechnik, unabhängig davon, ob
Sie Gemüse, Blumen, Bäume oder sogar
Zimmerpflanzen anbauen. Es kann sowohl in
erdbasierten als auch erdlosen
Wachstumsmedien wie Hydrokulturen oder
Containergärtnern verwendet werden.

**Bekämpfung von Schädlingen und
Krankheiten:**
Wurmkompost verbessert nicht nur die
Bodengesundheit, sondern trägt nachweislich
auch zur Bekämpfung bestimmter

Pflanzenkrankheiten und Schädlinge bei. Die nützlichen Mikroben im Wurmkompost können mit schädlichen Krankheitserregern im Boden konkurrieren, wodurch das Risiko von Krankheiten wie Wurzelfäule verringert und die Entstehung von Krankheiten verhindert wird. Vermicompost enthält außerdem Chitinase, ein Enzym, das die Exoskelette von Schädlingen wie Nematoden und Insekten abbaut und so eine natürliche Lösung zur Schädlingsbekämpfung bietet. Darüber hinaus sind Pflanzen, die mit Wurmkompost angebaut werden, aufgrund der verbesserten allgemeinen Gesundheit häufig resistenter gegen Schädlinge und Krankheiten.

Reduzierter ökologischer Fußabdruck:
Wurmkompostierung verringert den Bedarf an chemischen Düngemitteln, Insektiziden und Herbiziden, die allesamt schädlich für die Umwelt sind. Chemische Düngemittel beispielsweise tragen durch Abflüsse häufig zur Bodenverschlechterung und Wasserverschmutzung bei, während Pestizide Nichtziellebewesen wie nützliche Insekten und

Bestäuber schädigen können. Gärtner und Landwirte, die Wurmkompost verwenden, können zu nachhaltigeren, umweltfreundlicheren Techniken mit geringerer Umweltbelastung übergehen.

Unterstützt den ökologischen Landbau: Wurmkompost ist eine lebenswichtige Ressource für Biobauern. Es folgt biologische Landwirtschaftsmethoden, die die Gesundheit und Fruchtbarkeit des Bodens ohne den Einsatz synthetischer Hilfsmittel fördern. Vermicomposting unterstützt nachhaltige landwirtschaftliche Praktiken, indem es die Artenvielfalt im Boden erhöht, die Abhängigkeit von chemischen Behandlungen minimiert und ein geschlossenes Kreislaufsystem fördert, in dem Abfälle als Ressource wiederverwendet werden. Biobauern können Wurmkompost verwenden, um den Nährstoffbedarf ihrer Pflanzen zu decken und gleichzeitig die Integrität ihrer Bio-Zertifizierung zu wahren.

Zusammenfassend lässt sich sagen, dass die Wurmkompostierung ein kraftvoller und transformierender Prozess ist, der das Herzstück einer nachhaltigen Landwirtschaft und Gartenarbeit bildet. Durch die Nutzung der natürlichen Prozesse, die von Würmern ausgeführt werden, bietet die Wurmkompostierung eine Lösung für das zunehmende Problem der Entsorgung organischer Abfälle und liefert gleichzeitig ein außerordentlich wertvolles Produkt aus Wurmkot, das Böden erneuern und die Pflanzengesundheit verbessern kann. Unabhängig davon, ob Sie ein Kleinanbauer zu Hause oder ein Großbauern in der Landwirtschaft sind, kann die Wurmkompostierung auf Ihre Anforderungen zugeschnitten werden und bietet sowohl wirtschaftliche als auch ökologische Vorteile.

Da der weltweite Bedarf an nachhaltigen landwirtschaftlichen Methoden weiter steigt, erweist sich die Wurmkompostierung als einfache, aber effiziente Technik zur

Wiederherstellung der Bodenfruchtbarkeit, zur Steigerung der Ernteerträge und zur Schaffung eines grüneren Planeten. Die Fähigkeit, Abfälle in Geld umzuwandeln, macht Wurmkompostierung nicht nur zu einem Eckpfeiler der Wurmzucht, sondern zu einem entscheidenden Aspekt in der Zukunft der Landwirtschaft insgesamt. Vom Aufstellen des Wurmkastens bis hin zum Genießen der Freuden des nährstoffreichen Wurms ist der Prozess ein erfreulicher Prozess, der uns wieder mit dem Boden und den Lebenszyklen verbindet, die ihn erhalten.

KAPITEL 3

EINRICHTEN IHRER WURMFARM

Die Gründung einer Wurmfarm ist eine erfreuliche und umweltfreundliche Methode, um organische Abfälle zu recyceln, nährstoffreichen Kompost herzustellen und nachhaltige Gartentechniken zu fördern. Um jedoch erfolgreich zu sein, muss die Farm richtig eingerichtet sein, um sicherzustellen, dass Ihre Würmer unter den bestmöglichen Bedingungen gedeihen. Hier finden Sie eine

Schritt-für-Schritt-Anleitung zum Starten einer Wurmfarm mit genauen Anweisungen, damit von Anfang an alles gut läuft.

Auswahl des geeigneten Wurmbehälters und Standorts

Der erste Schritt beim Start Ihrer Wurmfarm ist die Auswahl eines geeigneten Wurmbehälters. Der Behälter ist der Lebensraum Ihrer Würmer und muss das richtige Gleichgewicht an Feuchtigkeit, Luft und Raum bieten, damit sie überleben und sich vermehren können. Wurmkästen sind in verschiedenen Formen und Größen erhältlich. Daher ist es wichtig, einen Wurmbehälter auszuwählen, der Ihren Anforderungen entspricht.

Arten von Wurmkästen:

Stapelbare Wurmbehälter: Diese erfreuen sich aufgrund ihres modularen Aufbaus großer Beliebtheit. Sie ermöglichen es Ihnen, Schichten aufzubauen, wenn Ihre Wurmpopulation wächst, und das Sammeln von Kompost ist einfach, da die Würmer höher wandern, um neue Nahrungsquellen zu finden. Dieser Behältertyp ist ideal für kleine Räume, wie Wohnungen oder Haushalte mit wenig Platz im Freien.

Einstöckige Behälter: Wenn Sie über eine größere Fläche verfügen, sollten Sie die Verwendung eines einstöckigen oder einfachen DIY-Behälters in Betracht ziehen. Diese Behälter können aus Kunststoff oder Holz bestehen und haben einen atmungsaktiven Deckel und Ablauflöcher am Boden, um Staunässe zu vermeiden.

Schneckenbehälter mit kontinuierlichem Durchfluss: Diese sind größer und ideal für Einzelpersonen, die ihre Wurmzuchtbetriebe erweitern möchten. Mit diesen Behältern können Sie die Würmer kontinuierlich füttern und Kompost sammeln, ohne das Gesamtsystem zu stören.

Überlegungen zur Größe: Die Größe des Behälters sollte der Menge an Bioabfall entsprechen, die Sie verarbeiten möchten. Eine typische Faustregel besagt, dass ein Quadratfuß Mülltonnenfläche jede Woche etwa ein Pfund Lebensmittelabfälle aufnehmen kann. Wenn Sie damit rechnen, mehr Müll zu produzieren, investieren Sie in einen größeren oder mehrere kleinere Behälter.

Material des Behälters: Auch Kunststoff- und Holzbehälter sind eine gängige Wahl. Kunststoffbehälter sind leicht, leichter zu reinigen und halten Feuchtigkeit gut. Holzkisten sind durchlässig, was die Feuchtigkeitsregulierung unterstützt; Dennoch können sie mit der Zeit verfallen, insbesondere wenn sie ständig Feuchtigkeit ausgesetzt sind. Wenn Sie Holz verwenden, achten Sie darauf, dass es unbehandelt ist, da Chemikalien für die Würmer schädlich sein können.

Belüftung und Entwässerung: Würmer wünschen sich eine feuchte, aber nicht zu nasse Atmosphäre. Um zu verhindern, dass die Einstreu nass wird, sollte Ihr Behälter über

Belüftungs- und Entwässerungslöcher oder Entlüftungsöffnungen verfügen. Zu viel Feuchtigkeit könnte die Würmer ersticken und den Behälter stinken lassen. Einige Wurmbehälter verfügen über einen integrierten Entwässerungsmechanismus zum Auffangen von „Wurmmee", einer nährstoffreichen Flüssigkeit, die als Pflanzendünger verwendet werden kann.

Standort des Wurmbehälters

Die Platzierung Ihres Wurmkastens ist entscheidend, um die richtige Temperatur und den richtigen Lebensraum für Ihre Würmer zu gewährleisten. Würmer gedeihen am besten bei Temperaturen zwischen 13 und 25 °C. Daher sollte der Behälter an einem schattigen Ort ohne direkte Sonneneinstrahlung und hohe Temperaturen aufgestellt werden.

Innenstandort: Keller, Garagen und sogar Küchen sind ideale Orte für den Innenbereich von Wurmkästen. Die Innentemperaturen sind stabiler und das Klima kann leicht überwacht und gesteuert werden.

Standort im Freien: Wenn Sie Ihren Mülleimer draußen aufstellen möchten, wählen Sie einen überdachten Bereich, der vor Witterungseinflüssen geschützt ist. Eine überdachte Veranda oder ein Gartenhaus sind gute Optionen. Bei rauen Wetterbedingungen wie sengenden Sommern oder kalten Wintern können jedoch zusätzliche Vorsichtsmaßnahmen zum Schutz der Würmer erforderlich sein, beispielsweise eine Isolierung des Behälters.

Einstreu für Regenwürmer herstellen

Einstreu ist ein wesentlicher Bestandteil jeder Wurmfarm. Es simuliert den natürlichen Lebensraum, in dem Würmer wachsen, und sorgt gleichzeitig für ein gesundes Gleichgewicht von Luft, Feuchtigkeit und Nahrung.

Die idealen Matratzenstoffe sind solche, die Feuchtigkeit speichern und dennoch eine ausreichende Luftzirkulation ermöglichen. Einige typische Alternativen sind:

Geschreddertes Papier kann aus Zeitungen, Büropapier oder sogar Pappe hergestellt werden. Vermeiden Sie jedoch glänzende oder farbenfrohe Drucke, die gefährliche Chemikalien enthalten können.

Kokosnuss-Kokos ist eine ausgezeichnete natürliche Wahl, die aus Kokosnussschalenfasern hergestellt wird. Es ist leicht, speichert effektiv Feuchtigkeit und ist frei von Verunreinigungen.

Torfmoos: Obwohl Torfmoos häufig verwendet wird, kann es für Würmer zu sauer sein, wenn es nicht richtig verwendet wird. Wenn Sie Torf verwenden, kombinieren Sie ihn mit anderen Einstreumaterialien und achten Sie auf den pH-Wert, um sicherzustellen, dass er neutral bleibt.

Getrocknete Blätter: Wenn Sie Zugang zu getrockneten Blättern haben, sind diese eine hervorragende Ergänzung für Ihre Bettwäsche. Sie bieten Würmern ein natürliches Zuhause und können kostenlos in Ihrem eigenen Garten geerntet werden.

Feuchtigkeitsgrad: Würmer brauchen Feuchtigkeit zum Atmen, da sie Sauerstoff über die Haut aufnehmen. Die Einstreu sollte feucht, aber nicht durchnässt sein. Ein ausgezeichneter Test besteht darin, eine Handvoll Bettzeug zu nehmen und es fest zusammenzudrücken. Wenn nur ein paar Tropfen Wasser austreten, haben Sie den richtigen Feuchtigkeitsgehalt erreicht. Wenn Wasser austritt, ist die Einstreu zu feucht und benötigt mehr Trockenmaterial.

Würmer bevorzugen einen pH-Bereich von neutral bis leicht sauer. Überprüfen Sie von Zeit zu Zeit den pH-Wert Ihrer Bettwäsche. Wenn der Säuregehalt zu hoch wird, streuen Sie zerbrochene Eierschalen in den Müll, um sie zu neutralisieren. Saure Umgebungen können zu einer schlechten Gesundheit der Würmer oder möglicherweise zum Tod führen.

Bettungstiefe: Beginnen Sie mit einer 10 bis 15 cm dicken Schicht. Dies bietet den Würmern genügend Material zum Graben und Durcharbeiten und schafft gleichzeitig Platz für Lebensmittelabfälle. Während die Würmer die Einstreu und die Nahrung verdauen, kondensiert es, und Sie können bei Bedarf neue Einstreuschichten hinzufügen.

Wählen Sie die idealen Würmer für Ihr Klima

Nicht alle Würmer sind für jede Umgebung geeignet. Daher ist die Auswahl der richtigen Art von entscheidender Bedeutung für das Gedeihen Ihres Bauernhofs. Die am häufigsten in der Wurmkultur eingesetzte Art ist Eisenia fetida (Roter Wurmwurm), obwohl je nach Standort auch andere Arten akzeptabel sein können.

Rote Wigglers (Eisenia fetida): Dies sind aufgrund ihrer Widerstandsfähigkeit, schnellen Vermehrung und Fähigkeit, organische Abfälle abzubauen, die am häufigsten verwendeten Wurmkompostierungswürmer. Sie gedeihen bei Temperaturen zwischen 13 °C und 25 °C und eignen sich daher sowohl für Wurmfarmen im Innenbereich als auch für Außenanlagen in gemäßigten Klimazonen. Sie gedeihen in den meisten Lebensräumen, können jedoch bei extremen Temperaturen langsamer werden.

Europäische Nachtkriecher (Eisenia hortensis): Diese Würmer sind größer als Red Wigglers und gedeihen in kälteren Gegenden. Sie halten niedrigeren Temperaturen stand und können in kalten Klimazonen für Wurmkästen im Freien verwendet werden. Außerdem sind sie kraftvolle Wühler, was sie zu einer hervorragenden Bodenergänzung zur Verbesserung von Gartenbeeten macht.

Afrikanische Nachtkriecher: Wenn Sie in einer wärmeren Region wohnen, sind African

Nightcrawlers eine hervorragende Alternative. Sie gedeihen bei Temperaturen über 21 °C (70 °F) und kommen mit Hitze besser zurecht als Rote Wiggler oder Europäische Nachtkriecher. Sie sind auch gute Komposter, benötigen aber kontinuierlich mehr Wärme und Feuchtigkeit, weshalb sie für kältere Klimazonen ungeeignet sind.

Blauwürmer (Perionyx excavatus): Diese tropischen Würmer eignen sich hervorragend für die Kompostierung organischer Abfälle, reagieren jedoch sehr empfindlich auf Temperaturschwankungen. Sie lieben extrem warme Bedingungen und eignen sich am besten für tropisches oder subtropisches Klima. Wenn Ihre Umgebung stabil und warm ist, könnten Blauwürmer eine nützliche Art für Ihre Wurmfarm sein.

Daher erfordert die Einrichtung einer Wurmfarm sorgfältige Überlegungen, von der Auswahl des geeigneten Behälters bis hin zur Auswahl der besten Würmer für Ihre Umgebung. Indem Sie für einen geeigneten Lebensraum sorgen, die Einstreu richtig vorbereiten und Würmer auswählen, die an Ihrem Standort gedeihen, sind Sie auf dem besten Weg, reichhaltigen Wurmkompost für Ihren Garten oder Bauernhof zu erzeugen.

KAPITEL 4

FÜTTERUNG UND METHODEN VON REGENWÜRMERN

Der Erfolg Ihrer Wurmfarm hängt stark davon ab, wie effektiv Sie mit deren Nahrung umgehen. Die Bereitstellung der richtigen Ernährung im richtigen Verhältnis fördert eine robuste, aktive Wurmpopulation, die organische Abfälle effektiv in nährstoffreichen Wurmkompost umwandelt. Werfen wir einen

Blick auf die Ernährungsbedürfnisse von Regenwürmern, einschließlich der Frage, was man ihnen geben sollte, geeignete Futtermaterialien, Fütterungsstrategien und was man vermeiden sollte.

Was man Würmern füttern sollte

Wie bereits erwähnt, zRegenwürmer sind Zersetzer, sie ernähren sich von organischem Material und zerlegen es in kleinere Partikel, die aufgenommen werden können. Würmer ernähren sich normalerweise von einer Reihe organischer Abfälle. Daher ist es wichtig, für eine ausgewogene Mischung zu sorgen, die einen nährstoffreichen Lebensraum bietet und gleichzeitig Elemente vermeidet, die für sie schädlich sein könnten.

Würmer fressen häufig Folgendes:

Gemüse- und Obstreste: Würmer mögen nährstoffreiche Küchenreste wie Schalen, Kerne und Schwarten. Vermeiden Sie jedoch übermäßige Mengen säurehaltiger Lebensmittel wie Zitrusfrüchte und Tomaten, da diese das pH-Gleichgewicht der Wurmkiste stören könnten.

Kaffeesatz und Teebeutel: Kaffeesatz und Teebeutel sind gute Stickstoffquellen, die Würmer für ihre Entwicklung benötigen. Achten Sie darauf, dass die Teebeutel biologisch abbaubar sind und keine synthetischen Fasern wie Plastik enthalten.

Zerkleinerte Eierschalen: Obwohl fein pulverisierte Eierschalen keine Nahrungsquelle sind, sind sie eine hervorragende Methode, um Kalzium zu liefern und gleichzeitig den richtigen pH-Wert im Wurmkasten aufrechtzuerhalten.

Geschreddertes Papier und Pappe: Zeitungspapier (in winzigen Mengen und mit Tinte auf Sojabasis bedruckt) oder einfacher Karton können Kohlenstoff in die Mischung einbringen und so dem stickstoffreichen

Küchenmüll entgegenwirken. Würmer fressen das Papier, während es zerfällt.

Eine entscheidende Idee ist es, eine Vielfalt an Mahlzeiten anzubieten. Vermeiden Sie es, große Mengen einer Lebensmittelsorte auf einmal zu servieren. Eine abwechslungsreiche Mahlzeit trägt dazu bei, dass Ihre Würmer gedeihen, indem das richtige Nährstoffgleichgewicht erreicht wird.

Küchenabfälle: Zu den besten Küchenabfällen gehören Gemüseschalen, Fruchtkerne, Kartoffelschalen, Apfelschalen und Blattgemüse. Auch wasserreiche Lebensmittel wie Gurken und Melonen sind von Vorteil, da sie den Behälter mit Feuchtigkeit versorgen.

Dung: Gealterter Tiermist von Pflanzenfressern wie Kühen, Pferden, Kaninchen und Ziegen ist eine ausgezeichnete Nahrungsquelle für Würmer. Mist ist nährstoffreich und leicht verdaulich, was ihn zu einem großartigen Futtermittel macht. Es ist jedoch wichtig, dass der Mist mindestens einige Monate reift, um eine Überhitzung des Wurmkastens zu verhindern, da neuer Mist übermäßige Hitze erzeugen kann.

Biomüll: Neben Küchenabfällen sind Grasschnitt, Blätter und Pflanzenreste hervorragende Quellen für organisches Material. Stellen Sie jedoch sicher, dass das Gras vollständig trocken ist, bevor Sie es in den Müll werfen, um die Entstehung einer erhitzten, anaeroben Atmosphäre zu vermeiden.

Alle Futterzutaten sollten biologisch sein und frei von Pestiziden, Herbiziden und Chemikalien sein. Eine Mischung aus grünen (stickstoffreichen) und braunen (kohlenstoffreichen) Materialien sorgt für eine ausgewogene Ernährung der Würmer.

Fütterungstechniken: Wie viel und wie oft?

Beim Füttern von Würmern kommt es nicht nur darauf an, was Sie füttern, sondern auch darauf, wie viel und wie oft. Über- oder Unterfütterung könnte das Gleichgewicht im Wurmkasten stören.

Wie viel soll gefüttert werden: Würmer können täglich etwa die Hälfte ihres Körpergewichts an Nahrung aufnehmen. Wenn Sie also ein Pfund Würmer haben, können diese täglich etwa ein halbes Pfund Nahrung verdauen. Beginnen Sie mit der Einführung kleiner Futtermengen und erhöhen Sie diese schrittweise, während sich die Würmer vermehren und ihre Fresskapazität zunimmt. Es ist wichtig, den Behälter nicht zu überfüllen, da zusätzliche Lebensmittel verrotten, Ungeziefer anlocken und schlechte Gerüche abgeben.

Wie oft füttern: Abhängig von der Populationsgröße und der verfügbaren Nahrung können Würmer ein- oder zweimal pro Woche gefüttert werden. Sie können verschiedene Fütterungspläne ausprobieren, um die ideale Balance zu finden. Stellen Sie jedoch sicher, dass keine Futterreste übrig sind, bevor Sie mehr geben.

Schichten des Essens: Eine empfohlene Strategie besteht darin, Lebensmittel an verschiedenen Stellen des Behälters unter der Einstreu zu verstecken. Dadurch werden Fliegen und Gerüche ferngehalten. Während der Zersetzung wandern Würmer zu den Nahrungsmitteln.

Essen zerkleinern: Das Zerkleinern oder Pürieren der Nahrung in winzige Stücke beschleunigt den Zersetzungsprozess und erleichtert den Würmern die Aufnahme. Dies ist besonders effektiv bei größeren oder faserigen Gegenständen, wie z. B. Gemüseschalen.

Feuchtigkeitshaushalt: Würmer gedeihen in einer feuchten Umgebung. Halten Sie den Behälter daher feucht, aber nicht durchnässt. Einige Futtermittel wie Melone oder Salat enthalten von Natur aus Feuchtigkeit, während trockene Materialien wie Papier oder Pappe zusätzliche Flüssigkeiten aufnehmen können.

Was Sie Ihren Würmern nicht füttern sollten (giftige oder schädliche Materialien)

Giftige oder schädliche Stoffe sollten nicht an Würmer verfüttert werden, obwohl sie den größten Teil der organischen Abfälle fressen können. Diese können die Würmer direkt schädigen oder das Gleichgewicht des Systems stören.

Zitrus- und saure Lebensmittel: Orangen, Zitronen, Limetten und Tomaten sind sehr sauer und können den pH-Wert der Wurmkiste senken, wodurch sie für Würmer feindlich wird. Kleine Dosen mögen in Ordnung sein, aber es ist am besten, sie ganz zu meiden oder sie nur selten anzuwenden.

Milchprodukte und Fleisch: Diese Materialien zerfallen langsam und verströmen unangenehme Gerüche, die Schädlinge wie Ratten und Fliegen anlocken. Sie können auch gefährliche Mikroorganismen in den Mülleimer bringen.

Ölige oder fetthaltige Lebensmittel: Würmer haben Schwierigkeiten, alles zu verarbeiten, was mit Öl oder Fett bedeckt ist, da es ihre Epidermis verstopfen und die Atmung beeinträchtigen kann. Vermeiden Sie die Verwendung von übriggebliebenem Salatdressing, Butter oder Speiseöl.

Verarbeitete Lebensmittel: Vermeiden Sie die Zugabe von Konservierungsmitteln, Salz oder anderen Zusatzstoffen in eine Wurmkiste. Diese Verbindungen können für Würmer giftig sein und werden im Müll nicht richtig abgebaut.

Zwiebeln und Knoblauch: Diese scharfen Gegenstände können Würmer abschrecken und die allgemeine Gesundheit des Behälters schädigen. Es empfiehlt sich, sie einzeln zu kompostieren.

Haustierabfälle: Abfälle von fleischfressenden Tieren (wie Hunden oder Katzen) können Infektionen enthalten und sollten niemals in eine Wurmtonne gegeben werden. Nur Mist von

Pflanzenfressern (von Kühen, Pferden und Kaninchen) ist sicher.

Wenn Sie diese Fütterungsanweisungen befolgen, bleibt Ihre Wurmfarm gesund und produktiv. Mit einer konstanten Versorgung mit den richtigen Mahlzeiten und geeigneten Fütterungspraktiken werden Ihre Würmer mit Freude reichhaltigen Wurmkompost erzeugen, der Ihre Pflanzen und Ihren Garten nährt.

KAPITEL 5

Kümmere dich um deine Würmer

Wurmzucht, insbesondere im Zusammenhang mit der Wurmkompostierung, erfordert einen praktischen Ansatz, um die Gesundheit und Wirksamkeit der Zersetzungsprozesse Ihrer Würmer zu gewährleisten. Würmer sind empfindliche Tiere, die in einer regulierten Umgebung gedeihen, in der Feuchtigkeit, pH-Wert und Temperatur innerhalb akzeptabler Grenzen gehalten werden. Neben diesen Umwelteinflüssen ist eine kontinuierliche

Überwachung ihres Verhaltens und ihrer Gesundheit unerlässlich. Die Kenntnis typischer Probleme wie Insekten und übler Gerüche trägt dazu bei, dass der Kompostierungsprozess reibungslos verläuft.

Aufrechterhaltung der richtigen Feuchtigkeit, des richtigen pH-Werts und der richtigen Temperatur

Feuchtigkeit:
Würmer atmen durch ihre Haut, daher muss ihr Lebensraum feucht, aber nicht zu nass sein. Der Feuchtigkeitsgehalt in einem Wurmkasten sollte dem eines ausgewrungenen Schwamms entsprechen. Würmer können träge werden oder sogar sterben, wenn der Behälter zu trocken ist. Wenn es andererseits übermäßig nass ist, verringert das zusätzliche Wasser den Sauerstoffgehalt im Behälter, was möglicherweise dazu führt, dass die Würmer ertrinken und anaerobe Bedingungen entstehen, die schlechte Gerüche abgeben.

Um den idealen Feuchtigkeitsgehalt aufrechtzuerhalten:

Überprüfen Sie die Bettwäsche regelmäßig: Wenn es trocken erscheint, besprühen Sie es vorsichtig mit Wasser. Vermeiden Sie es, es einzuweichen, da stehendes Wasser Würmer abtöten könnte.

Fügen Sie trockene Gegenstände hinzu: Wenn der Behälter zu nass wird, fügen Sie trockene Materialien wie Zeitungsschnitzel oder Pappe hinzu, um die Feuchtigkeit aufzunehmen.

Nutzen Sie eine gute Drainage: Stellen Sie sicher, dass der Wurmbehälter über genügend Drainagelöcher verfügt, um eine Ansammlung von Wasser zu vermeiden, und stellen Sie immer eine Schale darunter auf, um überschüssige Flüssigkeit (Wurmmee) aufzufangen, die als Dünger verwendet werden kann.

pH-Gleichgewicht: Würmer bevorzugen einen pH-Bereich von leicht sauer bis neutral, vorzugsweise 6,0–7,0. Würmer werden gestresst, wenn die Tonne übermäßig sauer oder alkalisch wird, wodurch ihre Fähigkeit zur effektiven Zersetzung organischer Abfälle verringert wird. Wenn zu viel Zitrusfrüchte oder andere extrem saure Abfälle hinzugefügt werden, kann es zu sauren Bedingungen kommen, was zu einem unangenehmen Gestank führt und Schädlinge wie Fruchtfliegen anlockt.

Um einen ausgeglichenen pH-Wert aufrechtzuerhalten:

- **Überwachen Sie den pH-Wert:**

1. Überprüfen Sie regelmäßig den Säuregehalt des Behälters mit einem basischen Boden-pH-Meter.

2. Beschränken Sie den Verzehr von säurehaltigen Lebensmitteln wie Orangen,

Zitronen und Essig. Diese können in Maßen nützlich sein, sollten aber nicht die Tonne überschwemmen.

3. Um den Säuregehalt zu neutralisieren, geben Sie eine kleine Menge zerbrochener Eierschalen oder landwirtschaftlichen Kalk in den Müll. Diese liefern auch Kalzium, das Würmer für die Verdauung benötigen.

- **Temperatur:**

Würmer reagieren sehr empfindlich auf Temperaturschwankungen. Die meisten kompostierenden Würmer, wie z. B. der Rote Wiggler, mögen Temperaturen zwischen 13 °C und 25 °C. Temperaturen außerhalb dieses Bereichs können dazu führen, dass Würmer ruhen oder möglicherweise absterben.

Um eine angemessene Temperatur aufrechtzuerhalten:

1. Stellen Sie den Wurmbehälter an einem Ort auf, an dem er keinen übermäßigen

Temperaturen ausgesetzt ist. Wenn es draußen steht, versuchen Sie, es im Winter oder in den heißen Sommermonaten nach drinnen zu bringen.

2. Belüftung: Um eine Überhitzung bei warmem Wetter zu vermeiden, achten Sie auf ausreichende Belüftung rund um den Behälter. Wenn Sie den Mülleimer draußen aufstellen, bewahren Sie ihn an einem schattigen Ort auf.

3. Isolierung: Um ein Einfrieren während der Wintermonate zu verhindern, isolieren Sie den Behälter mit zusätzlicher Einstreu oder stellen Sie ihn an einen wärmeren Ort, z. B. einen Keller oder eine Garage.

Überwachung der Gesundheit und des Verhaltens von Würmern

Gesunde Würmer sollten aktiv sein, sich über die Einstreu wühlen und das von Ihnen angebotene Bio-Material fressen. Wenn Sie ihr Verhalten beobachten, können Sie feststellen, ob es ihnen gut geht oder ob sie Schwierigkeiten haben.

Gesunde Würmer weisen folgende Eigenschaften auf:

Aktive Bewegung: Gesunde Würmer sollten sich ständig durch ihre Einstreu bewegen und dabei organisches Material fressen.

Reproduktion: Würmer sollten Kokons produzieren, was auf eine gesunde Population hinweist. Wenn Sie winzige zitronenförmige Kokons sehen, ist das ein gutes Zeichen.

Gesundes Aussehen: Die Würmer sollten prall und glänzend sein. Dünne, blasse oder träge Würmer können auf Stress oder schlechte Umweltbedingungen hinweisen.

Warnzeichen:

Zusammenballung oder Fluchtversuch: Wenn Sie sehen, dass sich Würmer an den Seiten des

Behälters sammeln oder versuchen zu entkommen, kann dies auf schlechte Bedingungen wie Sauerstoffmangel, falsche Feuchtigkeit oder ein Ungleichgewicht des pH-Werts hinweisen.

Starke Gerüche: Ein gesunder Wurmkasten sollte einen erdigen Geruch verströmen. Starke oder üble Gerüche weisen auf ein zugrunde liegendes Problem hin, das häufig mit übermäßiger Feuchtigkeit oder verrottenden Lebensmitteln zusammenhängt.

Würmer an der Oberfläche: Wenn die Würmer häufig an der Oberfläche zu finden sind, kann dies darauf hindeuten, dass sie versuchen, schlechte Einstreubedingungen zu vermeiden. Achten Sie auf Anzeichen von anaeroben Bedingungen, einem unausgeglichenen pH-Wert oder einer Ansammlung nicht gefressener Nahrung.

Um Würmer gesund zu halten:

Wenden Sie die Bettwäsche: Durch wöchentliches Wenden der Einstreu wird sichergestellt, dass der Sauerstoff alle Teile des Behälters erreicht und so die Bildung anaerober Taschen verhindert wird.

Kontrollfütterung: Stellen Sie sicher, dass Sie nicht zu viel füttern. Nicht gefressene Lebensmittel können Schädlinge und Fäulnis anziehen und zu schlechten Bedingungen im Behälter führen.

Überschüssiges Essen entfernen: Wenn Würmer die Nahrung nicht schnell genug verdauen, entfernen Sie sie, bevor sie sich zu stark zersetzt und gefährliche Umstände verursacht.

Vorbeugung und Behandlung häufiger Probleme (Milben, Geruch usw.)

Selbst in gut gepflegten Wurmfarmen können Probleme auftreten. Hier sind einige der häufigsten Schwierigkeiten und Möglichkeiten, sie zu vermeiden oder zu bewältigen:

- **Milben:**

Milben sind kleine Arthropoden, die in feuchten Umgebungen gedeihen. Während die meisten Milben in einer Wurmkiste harmlose Zersetzer sind, kann ein starker Befall die Würmer überfordern und ihre Wirksamkeit beeinträchtigen. Milben neigen dazu, zu wachsen, wenn der Mülleimer übermäßig feucht ist oder übermäßige Lebensmittelabfälle enthält.

Zur Vorbeugung und Bekämpfung von Milben:

Feuchtigkeit reduzieren: Überprüfen Sie den Feuchtigkeitsgehalt des Behälters und ändern Sie ihn, indem Sie trockene Einstreu wie Pappe oder Zeitungspapier hinzufügen.

Vermeiden Sie Überfütterung: Entfernen Sie überschüssige Speisereste, die Milben anlocken können.

Erstellen Sie eine Trockenzone: Das Anbringen einer trockenen Einstreuschicht an der Oberfläche hilft, das Wachstum von Milben zu verhindern.

- **Geruchsprobleme:**

Ein gut gewarteter Wurmkasten sollte keine starken oder unangenehmen Gerüche verströmen. Tritt dies auf, ist die wahrscheinlichste Ursache ein Ungleichgewicht der Feuchtigkeit im Behälter, des Sauerstoffgehalts oder der Art der bereitgestellten Lebensmittel.

Um Gerüche zu vermeiden und zu bekämpfen:

Belüftung erhöhen: Drehen Sie die Bettwäsche, um eine gute Belüftung zu gewährleisten.

Anaerobe Bedingungen sind oft die Quelle unangenehmer Gerüche.

Lebensmittelverschwendung prüfen: Achten Sie darauf, nicht zu viel Futter auf einmal hinzuzufügen. Vermeiden Sie die Bereitstellung großer Mengen feuchter Lebensmittel wie Obst und Gemüse, ohne diese durch trockenes Einstreumaterial auszugleichen.

Überwachen Sie den pH-Wert: Gerüche können manchmal durch einen zu sauren Behälter entstehen. Regelmäßige pH-Kontrollen und Anpassungen mit Eierschalen oder Limette können zur Aufrechterhaltung des Gleichgewichts beitragen.

• **Fruchtfliegen und andere Schädlinge:**

Wenn die Lebensmittel nicht richtig gepflegt werden, können Wurmkästen Schädlinge wie Fruchtfliegen, Ameisen und sogar Ratten anlocken.

So vermeiden und bekämpfen Sie Schädlinge:

Lebensmittelabfälle abdecken: Vergraben Sie Essensreste immer unter der Matratze, um Schädlinge fernzuhalten. Eine dicke Einstreuschicht trägt ebenfalls zum Schutz der Lebensmittel bei.

Verwenden Sie einen Deckel oder eine Abdeckung: Stellen Sie sicher, dass der Behälter über einen sicheren Deckel oder eine sichere Abdeckung verfügt, die eine ausreichende Belüftung ermöglicht. Einige Wurmzüchter legen eine Schicht Sackleinen oder Stoff über die Einstreu.

Saubere Umgebung: Halten Sie den Bereich um den Behälter herum frei von Ameisen und anderen Lebewesen.
Indem Sie sich auf diese Faktoren konzentrieren, optimale Feuchtigkeit, pH-Wert und Temperatur

aufrechterhalten, die Gesundheit der Würmer überwachen und auftretende Probleme lösen, sind Sie gut auf die Pflege Ihrer Würmer vorbereitet und sorgen für ein erfolgreiches Wurmkompostierungssystem.

KAPITEL 6

ERNTEPRAKTIKEN

Wenn es um die Wurmzucht geht, ist das Sammeln des Endprodukts, nährstoffreicher Wurmkot oder Wurmkompost, sehr wichtig. Dieser Vorgang muss sorgfältig durchgeführt werden, um sicherzustellen, dass Sie den größtmöglichen Kompost erhalten, ohne die Würmer zu beschädigen oder die Leistung Ihrer Wurmfarm zu verlangsamen. Schauen wir uns die Besonderheiten des Sammelns von

Wurmexkrementen, effektive Wurmkompostierungsprozesse und die Entfernung von Würmern aus ihren Exkrementen an.

So ernten Sie Wurmkot

Wurmkot ist ein nährstoffreiches Nebenprodukt, wenn Würmer organisches Material fressen. Diese Abgüsse werden wegen ihrer Fähigkeit, den Boden anzureichern und die Pflanzengesundheit zu verbessern, sehr geschätzt. Allerdings erfordert die Entnahme aus einem Wurmkasten eine sorgfältige Beachtung der Details, um zu verhindern, dass die Würmer gestört werden oder die Abgüsse mit Rohfutter oder Einstreu kontaminiert werden.

Erntezeitpunkt:
Die Abgüsse werden am besten geerntet, nachdem der Großteil des organischen Inhalts in der Wurmkiste abgebaut ist, was normalerweise nach 3–6 Monaten der Fall ist. Zu diesem Zeitpunkt sollte der Inhalt des Behälters

schwarz, bröckelig und erdig aussehen und nur wenige sichtbare Essensreste oder Einstreu aufweisen. Das Vorhandensein zu vieler identifizierbarer Materialien kann darauf hinweisen, dass der Kompostierungsprozess noch nicht abgeschlossen ist. Daher ist es wichtig zu warten, bis der Großteil der Zersetzung stattgefunden hat.

Manuelle vs. automatisierte Ernte:
Abhängig von der Größe Ihrer Wurmfarm können Sie die Abfälle manuell oder automatisch ernten. Kleinere Wurmbehälter, wie sie beispielsweise in Hausgärten verwendet werden, erfordern in der Regel ein manuelles Sieben, wohingegen größere Betriebe möglicherweise maschinelle Werkzeuge wie Vibrationssiebe oder rotierende Trommeln verwenden, um die Gussteile schneller zu trennen. Unabhängig von der verwendeten Methode besteht das Ziel darin, saubere Abfälle zu sammeln und gleichzeitig die Würmer und unverarbeiteten organischen Stoffe im Behälter zu belassen.

Beste Techniken für die Vermicompost-Ernte

Die effiziente Ernte von Wurmkompost erfordert Techniken, die nutzbaren Kompost von Würmern und unfertigem Material trennen. Um dies zu erreichen, gibt es mehrere Ansätze, die jeweils auf einen anderen Maßstab der Wurmzucht zugeschnitten sind.

1. Die Migrationsmethode (leichte Trennung):

Die Migrationstechnik ist eine der natürlichsten und vorteilhaftesten für Würmer. Dabei werden die Würmer dazu angeregt, von einem Teil des Behälters zum anderen zu wandern und fertigen Wurmkompost zurückzulassen. So funktioniert es.

Richten Sie einen neuen Futterplatz ein: Legen Sie neue Einstreu und Futter auf eine Seite des Wurmkastens. Dadurch werden die Würmer zum neuen Segment gelockt, während sie sich auf das frische organische Material zubewegen.

Warten Sie auf die Migration: Über einen Zeitraum von etwa ein bis zwei Wochen wandern die Würmer nach und nach zur nächsten Fresszone und hinterlassen dabei den fertigen Wurmkompost.

Ernten Sie die Abgüsse: Sobald sich der Großteil der Würmer bewegt hat, können Sie den Wurmkompost einfach von der gegenüberliegenden Seite einsammeln, ohne befürchten zu müssen, viele Würmer zu verletzen oder zu verlieren.

Dieser Ansatz erfordert Geduld, eignet sich aber perfekt für die Wurmzucht im kleinen Maßstab und belastet die Würmer nur minimal.

2. Die Screening- oder Siebmethode:

Bei größeren Betrieben oder wenn die Zeit begrenzt ist, kann das Sieben oder Sieben ein effektiverer Ernteansatz sein. Dieser Ansatz umfasst den Einsatz von Maschensieben oder Sieben unterschiedlicher Größe, um den feineren Wurmkompost von den größeren Partikeln, Würmern und unbehandeltem Material zu trennen. So geht's:

Verwenden Sie ein feinmaschiges Sieb: Ideal ist ein Sieb mit Löchern, die breit genug sind, damit Gussteile hindurchfließen können, aber klein genug, um Würmer und größere organische Partikel einzufangen. Wurmzüchter verwenden häufig Siebe mit Löchern von 1/8 bis 1/4 Zoll.

Vorsichtig schütteln: Legen Sie den Wurmkompost auf das Sieb und schütteln Sie ihn vorsichtig in einen Behälter. Der feine Kompost fällt durch und lässt nur Würmer und unvollständiges Material darauf zurück.

Große Portionen trennen: Größere Einstreustücke oder Essensreste können zur weiteren Zersetzung in den Mülleimer gegeben werden und die Abfälle werden im darunter liegenden Behälter gesammelt.

Dieser Ansatz ermöglicht eine schnellere Ernte, erfordert jedoch Vorsicht, um Verletzungen der Würmer zu vermeiden.

Trennung von Würmern und Wurmkompost für maximale Effizienz

Um die Effizienz zu maximieren, trennen Sie die Würmer vom Wurmkompost. Die Trennung der Würmer vom gesammelten Wurmkompost ist für den Erfolg Ihrer Wurmfarm von entscheidender Bedeutung. Abhängig von der Größe Ihres Betriebes gibt es hierfür verschiedene wirksame Methoden.

Die Lichtmethode:
Würmer sind lichtempfindlich und graben sich von Natur aus tiefer in den Behälter ein, um einer Exposition zu entgehen. Sie können dieses Verhalten nutzen, um sie vom Wurmkompost zu unterscheiden.

Vermicompost in Haufen verteilen: Nachdem Sie den Kompost aus dem Behälter genommen haben, verteilen Sie ihn in kleinen Hügeln auf einer ebenen Fläche.

Dem Licht aussetzen: Leuchten Sie mit hellem Licht oder stellen Sie die Stapel in die Sonne. Würmer graben sich ein, um der Sonne auszuweichen, sodass die obersten Schichten des Komposts frei von Würmern bleiben.

Ernten Sie die obersten Schichten: Kratzen Sie nach 10–15 Minuten die obersten Schichten des Wurmkomposts ab. Wiederholen Sie den Vorgang, bis unten nur noch Würmer übrig sind.

Dieser Ansatz eignet sich gut für kleine Unternehmen oder Amateure, kann jedoch in größerem Maßstab zeitaufwändig sein.

3. Die Tray-Methode (Durchflusssysteme)

In größeren Wurmfarmen mit kontinuierlichem Durchfluss wird eine Durchflusstechnologie eingesetzt, um Wurmkompost effektiv zu sammeln, ohne dass eine menschliche Wurmtrennung erforderlich ist.

Entfernen der Bodenschale: In einem Durchflusssystem werden Würmer in gestapelten Schalen gelagert. Während sie die Lebensmittel verarbeiten, wandern sie zu neuen Schalen, die mit frischer Einstreu und Lebensmitteln gefüllt sind, und lassen den fertigen Kompost darunter zurück.

Ernte aus der unteren Schale: Sobald der Kompost in der unteren Schale gründlich verarbeitet wurde, können Sie die gesamte Schale mit Wurmkompost entfernen, ohne die darüber liegenden Würmer zu stören. Eventuell in der Schale verbleibende Würmer können einfach entfernt und wieder in den aktiven Bereich des Wurmbehälters eingesetzt werden.
Diese Technik ist für Betriebe in größerem Maßstab sehr effizient, da sie eine kontinuierliche Kompostproduktion mit geringen Ausfallzeiten für die Ernte ermöglicht.

Das Ernten von Wurmkot und Wurmkompost ist ein heikler, aber lohnender Vorgang, der für die Wurmzucht unerlässlich ist. Durch den Einsatz effektiver Verfahren wie der Migrationsmethode, Sieb- oder Durchflusssystemen können Sie die Kompostproduktion steigern und gleichzeitig Ihre Wurmpopulation gesund und effizient halten. Denken Sie daran, Ihre Ernten richtig zu planen, die Würmer sorgfältig zu trennen und immer nach Lösungen zu suchen, die Störungen des normalen Verhaltens Ihrer Würmer minimieren. Dadurch bleibt Ihre Wurmfarm fruchtbar und Ihre Pflanzen profitieren vom nährstoffreichen Kompost, den Ihre Würmer produzieren.

KAPITEL 7

MIT WURMGUSS UND VERMICOMPOST

Wurmkompost und Wurmkompost werden im Bereich nachhaltiger Landwirtschaft und Gartenbau manchmal als „schwarzes Gold" bezeichnet. Sie sind nicht nur für den Boden, sondern auch für die darin wachsenden Pflanzen äußerst nützlich. Wurmkot, bei dem es sich im Wesentlichen um Wurmkot handelt, enthält eine konzentrierte Menge an Mineralien und hilfreichen Mikroben. Würmer verdauen organisches Material und wandeln es in eine

Form um, die Pflanzen leicht aufnehmen können. Vermicompost hingegen ist eine Kombination aus Wurmkot und abgebauter organischer Substanz, die eine nährstoffreiche Bodenverbesserung ergibt.

Schauen wir uns an, wie Wurmkot und Wurmkompost eingesetzt werden können, welche ernährungsphysiologischen Vorteile sie bieten und wie Biobauern ihre Wirkung maximieren können.

Anwendung von Wurmgüssen im Gartenbau und in der Landwirtschaft

Schneckengussteile sind eine äußerst flexible Ergänzung, die in einer Vielzahl von Anwendungen eingesetzt werden kann. Ganz gleich, ob Sie einen großen Bauernhof oder einen kleinen Garten bewirtschaften: Wurmgüsse sind eine natürliche Möglichkeit, die Bodenfruchtbarkeit und die Pflanzengesundheit zu verbessern.

1. **Bodenverbesserung:** Die häufigste Anwendung für Wurmguss ist die Verwendung als natürlicher Dünger. Geben Sie einfach Wurmguss auf die obersten paar Zentimeter Erde. Tragen Sie bei Gärten oder landwirtschaftlichen Grundstücken vor dem Pflanzen 1 bis 2 Zoll Wurmguss auf die Oberfläche auf. Die Abgüsse geben im Laufe der Zeit nach und nach Nährstoffe ab, was den Pflanzen langfristige Vorteile bringt. Im Gegensatz zu synthetischen Düngemitteln verbrennen Wurmdünger die Pflanzen nicht, sodass Sie sie großzügig ausbringen können, ohne dass das Risiko einer Überdüngung besteht.

2. **Start der Saat:** Wurmabfälle schaffen eine günstige Umgebung für die Keimung der Samen. Mischen Sie bei der Vorbereitung von Saatschalen oder -töpfen 20–30 % Wurmguss mit handelsüblicher Blumenerde. Dies verbessert die Feuchtigkeitsspeicherung und versorgt junge Sämlinge während ihrer frühen Wachstumsphase mit lebenswichtigen Nährstoffen. Wurmkot enthält außerdem Wachstumshormone, die die

Wurzelbildung fördern und den Pflanzen einen Vorsprung verschaffen.

3. **Top-Dressing**: Bei etablierten Pflanzen können Wurmgüsse als Top-Dressing verwendet werden. Tragen Sie während der gesamten Wachstumssaison eine dünne Schicht Guss auf die Basis jeder Pflanze auf. Wenn die Pflanze gegossen wird, können Nährstoffe bis zu ihren Wurzeln durchsickern. Es handelt sich um eine einfache, wartungsarme Technik, mit der Sie Ihre Pflanzen gleichmäßig ernähren und die Bodenstruktur verbessern können.

4. **Flüssigdünger (Wurmmetee):** Eine weitere hervorragende Anwendung ist die Zubereitung von „Wurmmee". Indem Sie eine Handvoll Wurmkot 24–48 Stunden lang in Wasser einweichen, können Sie einen nährstoffreichen Flüssigdünger erzeugen, der auf Blätter gestreut oder um Pflanzenbasis gegossen werden kann. Dieses Blattspray verbessert die Krankheitsresistenz und fördert ein gesundes Wachstum, indem es die direkte Aufnahme von

Nährstoffen durch das Pflanzengewebe ermöglicht.

5. Rasenpflege: Auch Wurmgüsse können Ihrem Rasen helfen. Eine dünne Schicht, die auf Ihren Rasen gesprüht wird, fördert ein besseres Wurzelsystem, erhöht die Wasserspeicherung und verbessert die allgemeine Rasengesundheit ohne den Einsatz synthetischer Pestizide. Die Abgüsse stärken die Widerstandsfähigkeit des Rasens gegen Trockenheit und Krankheiten und reduzieren gleichzeitig den Rasenfilz auf organische Weise.

Ernährungsvorteile für Pflanzen und Bodengesundheit

Wurmkompost und Wurmkompost sind reich an wichtigen Nährstoffen und hilfreichen Mikroben und dadurch auch wirksame natürliche Bodenverbesserer.

1. Nährstoffreiche Zusammensetzung: Wurmausscheidungen sind nährstoffreich und enthalten Stickstoff, Phosphor, Kalium, Kalzium und Magnesium, die Pflanzen alle zum Gedeihen benötigen. Diese Nährstoffe liegen in einer Form vor, die Pflanzen leicht aufnehmen können, sodass sie nach der Anwendung sofort verfügbar sind. Im Vergleich dazu dauert es bei typischem Kompost länger, sich zu zersetzen und Nährstoffe freizusetzen.

Die Eigenschaft der langsamen Freisetzung des Wurmgusses garantiert, dass die Pflanzen über einen längeren Zeitraum gleichmäßig gefüttert werden, sodass keine häufige Düngung erforderlich ist. Die gleichmäßige Stickstoffzufuhr fördert auch die Wurzelentwicklung, was zu stärkeren und langlebigeren Pflanzen führt.

2. Nützliche Mikroorganismen: Einer der größten Vorteile von Wurmkomposten ist das Vorhandensein nützlicher Mikroorganismen wie Bakterien, Pilze und Protozoen. Diese Bakterien helfen beim Abbau organischer Materialien im Boden und fördern den Nährstoffkreislauf, sodass Pflanzen leichter die Nährstoffe erhalten, die sie benötigen. Sie tragen auch dazu bei, gefährliche Krankheitserreger zu reduzieren, die Pflanzen vor Krankheiten schützen können.

3. Verbesserte Bodenstruktur und Feuchtigkeitsspeicherung: Die feine, krümelige Textur des Wurmgusses verbessert die Bodenstruktur, indem es die Belüftung und Entwässerung erhöht. Dies ist besonders wichtig bei dicken Lehmböden, die dazu neigen, sich zu verdichten und die Wurzelentwicklung zu behindern. Die verbesserte Struktur hilft den Wurzeln, sich freier auszubreiten, was zu gesünderen Pflanzen führt.

Wurmgüsse verbessern die Bodenbelüftung und erhöhen gleichzeitig die Feuchtigkeitsspeicherung. Dadurch wird die Häufigkeit des Gießens minimiert, was es besonders in trockenen Klimazonen oder bei Dürreperioden nützlich macht. Abgüsse funktionieren wie winzige Schwämme, sie speichern Feuchtigkeit und geben sie langsam ab, wenn die Pflanzen sie benötigen.

4. pH-Ausgleich: Wurmkot enthält einen neutralen pH-Wert, der dabei hilft, den Säuregehalt und die Alkalität des Bodens auszugleichen. Dadurch eignen sie sich für eine Vielzahl von Pflanzen wie Gemüse, Blumen und Obstbäume. Wurmgüsse tragen dazu bei, den pH-Wert des Bodens auszugleichen, sodass Pflanzen Nährstoffe besser aufnehmen können.

So steigern Sie die Wirkung von Wurmkompost im ökologischen Landbau

Biobauern greifen zunehmend auf Wurmkompost als nachhaltige Lösung zur Verbesserung ihrer Böden ohne den Einsatz synthetischer Düngemittel zurück. Wurmkompost ist nicht nur eine Nahrungsquelle, sondern verbessert auch die Bodengesundheit und erhöht die Ernteerträge im ökologischen Landbau. So können Sie seinen Einfluss maximieren.

1. Bauen Sie mit der Zeit die Bodenfruchtbarkeit auf: Der Schlüssel zur effizienten Nutzung von Wurmkompost ist die gleichmäßige Anwendung über einen längeren Zeitraum. Im Gegensatz zu Kunstdüngern, die einen sofortigen Nährstoffschub bewirken, verbessert Wurmkompost nach und nach die langfristige Gesundheit des Bodens. Sie können das ganze Jahr über Wurmkompost in kleinen Mengen ausbringen, um für eine gleichmäßige Versorgung des Bodens mit Nährstoffen und nützlichen Organismen zu sorgen.

2. Mulchen mit Wurmkompost: Sie können dem Boden nicht nur Wurmkompost hinzufügen, sondern ihn auch als Mulch um die Feldfrüchte herum ausbringen. Das Auftragen einer dicken Schicht Wurmkompost um die Basis der Pflanzen unterdrückt Unkraut, speichert Feuchtigkeit und versorgt die Pflanzen nach und nach mit Nährstoffen, wenn das Material abgebaut wird. Der Mulch schützt den Boden außerdem vor Erosion und Temperaturschwankungen.

3. Partnerschaft mit Compost: Obwohl Wurmkompost reich an Nährstoffen ist, kann er viel effektiver sein, wenn er mit normalem Kompost gemischt wird. Die Kombination beider führt zu einer starken Bodenverbesserung, die sowohl Nährstoffe mit schneller als auch mit langsamer Freisetzung enthält. Die Kombination sorgt außerdem für ein breiteres Spektrum an Mikroben, was die Bodenfruchtbarkeit und Krankheitsresistenz steigert.

4. Rotationsanwendung: Durch die Fruchtfolge können Sie den Boden zwischen den Vegetationsperioden durch den Einsatz von Wurmkompost wiederherstellen. Dies ist besonders nützlich nach dem Anbau nährstoffintensiver Pflanzen wie Mais oder Tomaten, die den Boden auslaugen. Wurmkompost dient der Wiederherstellung des Gleichgewichts und stellt sicher, dass die nächste auf dem Feld gesäte Ernte in einer reichhaltigen, fruchtbaren Umgebung wächst.

5. Steigerung des Pflanzenertrags und der Krankheitsresistenz: Wurmkompost steigert nachweislich die Pflanzenerträge erheblich und ist daher ein wichtiges Hilfsmittel für Biobauern. Die hohe Konzentration an Nährstoffen und hilfreichen Mikroben fördert die Pflanzenentwicklung und Fruchtproduktion. Darüber hinaus unterstützt die mikrobielle Zusammensetzung von Wurmkompost Pflanzen dabei, Krankheiten wie Wurzelfäule und Knollenfäule zu widerstehen, wodurch der Bedarf an künstlichen Pestiziden und Fungiziden minimiert wird.

Wenn Sie als Biobauer also Wurmkompost in Ihre Anbaumethoden einbeziehen, können Sie sowohl die Bodengesundheit als auch die Pflanzenproduktivität verbessern und Jahr für Jahr nachhaltige und produktive Ernten sicherstellen.

Zusammenfassend lässt sich sagen, dass Wurmkompost und Wurmkompost sowohl für Gärtner als auch für die Landwirtschaft äußerst nützliche Werkzeuge sind. Ihre Fähigkeit, die Bodengesundheit zu verbessern, die Nährstoffverfügbarkeit zu steigern und nachhaltige Anbaumethoden zu fördern, macht sie zu einem notwendigen Bestandteil jedes Bodenfruchtbarkeitsplans. Wurmgüsse können von Vorteil sein, egal ob Sie einen kleinen Garten oder einen großen Bio-Bauernhof haben. um das Potenzial Ihres Bodens zu maximieren. Es liefert reichhaltige organische Stoffe, die nicht nur die Bodenstruktur verbessern, sondern auch nützliches mikrobielles Leben fördern, das für das Pflanzenwachstum unerlässlich ist. Wurmkot sorgt als Langzeitdünger für eine gleichmäßige Versorgung mit Nährstoffen und macht umweltschädliche synthetische Düngemittel überflüssig.

Wurmgüsse können dazu beitragen, dass Ihre Pflanzen besser wachsen, mehr produzieren und resistenter gegen Schädlinge und Krankheiten sind.

KAPITEL 8

ERWEITERN SIE IHRE WURMFARM

Wenn Ihr Wurmzuchtbetrieb expandiert, kann die Ausweitung Ihres Betriebs eine lohnende und erfolgreiche Entscheidung sein. Unabhängig davon, ob Sie die Produktion für den Privatgebrauch steigern oder die Bedürfnisse gewerblicher Kunden befriedigen möchten, ist eine effektive Planung von entscheidender Bedeutung. Das Verfahren umfasst die Vergrößerung Ihrer Wurmpopulation, die

Installation zusätzlicher Behälter und Geräte sowie die Abwicklung der Logistik einer größeren Farm.

So erhöhen Sie die Wurmpopulation effektiv
Die Erhöhung Ihrer Wurmpopulation ist der erste Schritt zur Erweiterung Ihrer Farm. Gesunde, gut ernährte Würmer vermehren sich schnell, es gibt jedoch spezielle Strategien, um dieses Wachstum effektiv zu fördern.

Optimale Zuchtbedingungen: Würmer gedeihen unter Bedingungen mit ausgeglichenen Temperatur-, Feuchtigkeits- und pH-Werten. Die meisten kompostierenden Würmer, einschließlich Eisenia fetida (Rotwürmer), mögen Temperaturen zwischen 13 °C und 25 °C. Die Einhaltung dieses Temperaturbereichs führt zu einer schnelleren Reproduktion. Darüber hinaus ist es wichtig, den Feuchtigkeitsgehalt Ihrer Bettwäsche zwischen 70 und 80 % zu halten. Würmer atmen durch ihre Haut, was eine feuchte Atmosphäre erfordert; Dennoch kann zu viel Wasser zu schlechter Belüftung und Erstickung führen.

Lebensmittelversorgung: Um eine wachsende Wurmpopulation zu ernähren, ist eine reichliche und vielfältige Nahrungsquelle erforderlich. Geben Sie Ihren Würmern organischen Abfall wie Gemüsereste, Obstschalen und Papierschnitzel. Die schrittweise Erhöhung der Nahrungsmenge bei wachsender Population stellt sicher, dass die Würmer reichlich zu fressen haben, ohne dass die Tonne überläuft. Regelmäßige Fütterung fördert die Fortpflanzung, da sich Würmer nur vermehren, wenn eine nachhaltige Nahrungsquelle vorhanden ist.

Raum zum Wachsen: Würmer vermehren sich am effektivsten, wenn ihnen genügend Fläche zum Wandern und Eingraben zur Verfügung steht. Überfüllte Umgebungen können die Fortpflanzung einschränken, indem sie eine biologische Reaktion auslösen, die ein zukünftiges Bevölkerungswachstum verhindert.

Wenn sich Ihre Behälter schnell füllen, ist es an der Zeit, sie entweder zu erweitern oder neue Prozesse einzurichten.

Zuchtstrategien: Würmer vermehren sich, indem sie Kokons bilden, aus denen neugeborene Würmer schlüpfen. Um eine schnelle Kokonbildung zu fördern, ist eine regelmäßige Fütterung und Überwachung der Umweltparameter erforderlich. Wenn Ihre Wurmpopulation wächst, können Sie erwägen, Ihre Würmer in verschiedene Behälter aufzuteilen, um eine Überfüllung zu vermeiden und so ihre Fortpflanzungsfähigkeit zu steigern. Sie können die Kokons auch physisch sammeln und von Ihrem Kompost trennen, um sie in einer kontrollierten Umgebung auszubrüten, was das Populationswachstum beschleunigen kann.

Einrichten weiterer Behälter und Systeme

Wenn Ihre Wurmpopulation zunimmt, benötigen Sie zusätzliche Fläche, um sie unterzubringen. Wenn Sie Ihren Betrieb erweitern, müssen Sie neue Behälter installieren und möglicherweise verschiedene Arten von Systemen prüfen, um Ihren Anforderungen gerecht zu werden.

Auswahl der richtigen Behälter: Berücksichtigen Sie bei der Auswahl zusätzlicher Behälter das Material (Kunststoff, Holz oder Metall), die Größe und die Belüftung. Kontinuierliche Durchflusssysteme werden häufig in Großbetrieben eingesetzt, da sie Aspekte des Ernteprozesses automatisieren und die Arbeitskosten senken. Bei kleineren Betrieben reichen stapelbare Tablettsysteme oder einfache Behälter mit ausreichender Entwässerung und Belüftung aus. Stellen Sie sicher, dass in den neuen Behältern genügend Platz für die Wurmzirkulation und die richtige Einstreu vorhanden ist, damit die Feuchtigkeit nicht durchnässt wird.

Betten und Lage: Füllen Sie die neuen Behälter mit geeigneter Einstreu, z. B. zerkleinertem Zeitungspapier, Pappe oder Kokosnuss. Die Bettwäsche sollte nass, aber nicht durchnässt sein. Es ist wichtig, in allen Ihren Behältern eine konsistente Umgebung aufrechtzuerhalten. Versuchen Sie daher, die Umstände nachzuahmen, die in Ihrer ursprünglichen Einrichtung erfolgreich waren. Stellen Sie die Behälter an Orten auf, die eine konstante Temperatur haben und vor rauem Wetter geschützt sind. Idealerweise sollten die Behälter in schattigen Außenbereichen oder in Innenräumen aufgestellt werden, wo die Temperaturen leicht kontrolliert werden können.

Vielfältige Systeme für Wachstum: Wenn Ihr Betrieb wächst, möchten Sie möglicherweise mit verschiedenen Wurmkultursystemen experimentieren. Systeme mit kontinuierlichem Durchfluss ermöglichen es Ihnen, größere Mengen an Kompost und Würmern zu verarbeiten, indem Sie an einem Ende füttern und am anderen Ende ernten. Eine weitere Möglichkeit ist die Mietenmethode, bei der lange Kompostreihen ausgelegt werden, um größere Aktivitäten zu ermöglichen. Diese Technologien werden häufig in der kommerziellen Wurmzucht eingesetzt, da sie die Produktion vereinfachen, verwalten und steigern. Bestimmen Sie anhand des verfügbaren Platzes und der verfügbaren Ressourcen, welches System Ihre langfristigen Ziele am besten erfüllt.

Würmer in neue Behälter umwandeln: Wenn Sie neue Behälter hinzufügen, übertragen Sie nach und nach einen Teil Ihrer Wurmpopulation vom ursprünglichen Behälter auf die neuen Systeme. Stellen Sie sicher, dass ausreichend Futter und Bettzeug vorhanden sind, damit sie während der Schicht gesund bleiben. Eine Technik besteht darin, die Würmer durch die Bereitstellung von frischem Futter in der neuen Tonne anzulocken, was sie dazu ermutigt, sich auf natürliche Weise aus der alten Tonne umzusiedeln. Alternativ können Sie Wurmstücke und Kompost mit der Hand in das neue System schöpfen und dabei darauf achten, die Umgebung nicht zu sehr zu beeinträchtigen.

Verwaltung einer großen Wurmfarm

Sobald Sie Ihre Wurmpopulation erhöht und neue Technologien installiert haben, erfordert die Verwaltung einer größeren Wurmfarm mehr Planung und regelmäßige Überwachung, um den Erfolg sicherzustellen.

Fütterungsplan: Wenn Ihre Wurmpopulation wächst, steigt auch ihr Nahrungsbedarf. Sie müssen einen regelmäßigeren Fütterungsplan erstellen, um sicherzustellen, dass Ihre Würmer genügend organische Stoffe zur Verdauung haben. Überwachen Sie, wie schnell Ihre Würmer Nahrung aufnehmen, und passen Sie die Menge bei Bedarf an. Überfütterung kann zu Problemen wie unangenehmen Gerüchen und einer Zunahme von Schädlingen führen, daher ist Ausgewogenheit unerlässlich.

Überwachungsbedingungen: Größere Betriebe müssen mehr Faktoren kontrollieren. Überprüfen Sie regelmäßig den Feuchtigkeits- und pH-Wert aller Behälter. Je größer der Betrieb, desto wahrscheinlicher ist es, dass ein Behälter übermäßig trocken oder nass wird. Daher ist eine tägliche oder wöchentliche Überwachung erforderlich. Erwägen Sie den Einsatz von Thermometern und Feuchtigkeitsmessgeräten, um sicherzustellen, dass alle Ihre Systeme mit höchster Effizienz arbeiten.

Ernteabgüsse: Ein größerer Betrieb produziert mehr Wurmkot. Um den Ernteprozess erfolgreich aufrechtzuerhalten, ist ein effizientes Management erforderlich. Durchlaufsysteme erleichtern die Entnahme von Gussteilen, aber selbst bei gewöhnlichen Behältern hilft die Schaffung eines Kreislaufs, in dem Sie nach einem festgelegten Zeitplan aus bestimmten Behältern ernten, dabei, die Dinge organisiert zu halten. Trennen Sie die Würmer mithilfe von Sieben von den Exkrementen und geben Sie sie dann in die Behälter zurück, um mit der Kompostierung fortzufahren.

Schädlingsbekämpfung: Wenn der Betrieb größer wird, könnten Schädlinge zu einem größeren Problem werden. Milben, Fliegen und andere unangenehme Insekten werden von der Zersetzung organischer Materialien angezogen. Halten Sie Ihre Behälter daher sauber und abgedeckt. Sorgen Sie für einen angemessenen Feuchtigkeitsgehalt, da zu nasse Bedingungen Insekten anlocken. Drehen Sie Ihren Kompost regelmäßig um und vermeiden Sie die Zugabe von zu viel säurehaltigen Lebensmittelabfällen wie Zitrusfrüchten, da dies das Gleichgewicht stören und unerwünschte Lebewesen anlocken kann.

Skalierung von Operationen für den Gewinn: Wenn Sie Wurmgussteile oder Würmer verkaufen möchten, legen Sie fest, wie Sie Ihr Angebot vermarkten möchten. Größere Wurmfarmen versorgen lokale Gärtner, Baumschulen und Landwirte häufig mit natürlichen Bodenergänzungen. Untersuchen Sie Ihren lokalen Markt, um die Nachfrage und die Preise für Wurmkompost zu ermitteln. Möglicherweise verkaufen Sie die zusätzlichen Würmer sogar an andere Komposter oder

Fischer. Während Sie wachsen, kann die Überwachung Ihrer Kosten und Gewinne dazu beitragen, sicherzustellen, dass Ihre Wurmfarm sowohl nachhaltig als auch profitabel ist.

Daher bedeutet die Erweiterung Ihrer Wurmfarm mehr als nur das Hinzufügen von Würmern und Behältern. Dies erfordert strategische Planung, eine genaue Überwachung der Umweltbedingungen und das Engagement für eine nachhaltige Skalierung Ihres Unternehmens. Wenn Sie diese gründlichen Verfahren befolgen, können Sie Ihre Wurmfarm effizient aufbauen und einen größeren Betrieb verwalten, der sowohl produktiven Kompost als auch eine gesunde Wurmpopulation produziert.

KAPITEL 9

FEHLERBEHEBUNG UND HÄUFIGE HERAUSFORDERUNGEN

Wurmzucht ist ein spannendes und erfüllendes Unterfangen, das jedoch nicht ohne Schwierigkeiten ist. Jeder Wurmzüchter, ob Anfänger oder erfahrener Profi, wird mit Problemen konfrontiert, die angegangen und gelöst werden müssen. In diesem Kapitel werden häufige Herausforderungen bei der Wurmzucht besprochen und praktische Möglichkeiten vorgestellt, wie Sie Ihre Wurmfarm gesund und produktiv halten können.

Überwindung häufiger Probleme bei der Wurmzucht

1. Überfütterung:

Einer der häufigsten Fehler in der Wurmzucht ist die Überfütterung. Würmer können jeweils nur eine bestimmte Menge an Nahrung verarbeiten, und eine zu große Menge an Nahrung kann zu Gerüchen, Schädlingen und sogar zum Absterben der Würmer führen.

Anzeichen einer Überfütterung:
Wenn aus Ihrer Wurmkiste ein übler Gestank austritt oder die Einstreu übermäßig feucht und matschig erscheint, ist das wahrscheinlich ein Zeichen dafür, dass Sie Ihren Würmern zu viel Futter geben. Darüber hinaus deutet ein Anstieg von Fruchtfliegen oder anderen Schädlingen darauf hin, dass die Nahrung aufgrund von Überlastung zu langsam zersetzt wird.

Lösung: Um eine Überfütterung zu vermeiden, hören Sie auf, Futter hinzuzufügen, bis die Würmer das verarbeitet haben, was sich bereits im Behälter befindet. Möglicherweise müssen Sie einen Teil der überschüssigen Lebensmittel entfernen, damit sie nicht weiter verderben. Erwägen Sie in Zukunft, Ihren Würmern in kürzeren Abständen kleinere Mengen zu verfüttern. Eine gute Faustregel besteht darin, pro Woche Futter bereitzustellen, das etwa der Hälfte des Gewichts Ihrer Würmer entspricht. Überwachen Sie den Behälter regelmäßig und passen Sie die Futtermenge an, je nachdem, wie schnell die Würmer das Futter fressen.

2. Schädlinge:

Schädlinge können in Ihre Wurmkiste gelangen und die Gesundheit Ihrer Würmer beeinträchtigen. Zu den häufigsten Schädlingen zählen Fruchtfliegen, Ameisen und verschiedene Larven.

Vorbeugende Maßnahmen: Um einen Schädlingsbefall zu verhindern, ist es von entscheidender Bedeutung, Ihren Müll sauber und frei von nicht verzehrten Lebensmittelabfällen zu halten. Schädlinge können auch dadurch abgeschreckt werden, dass man Essensreste mit Einstreumaterial abdeckt und den Feuchtigkeitsgehalt aufrechterhält.

Lösungen: Falls Schädlinge zum Problem werden, besteht der erste Schritt darin, die Schädlingsart zu identifizieren. Wenn Sie Ihre Essensreste gründlicher abdecken, können Sie Fruchtfliegen abschrecken. Stellen Sie bei Ameisen sicher, dass der Behälter gesichert ist und sich draußen keine Nahrungsquellen befinden. Möglicherweise müssen Sie auch den Behälter verschieben oder schädlingsspezifische Fallen einsetzen. Eine regelmäßige Überwachung und Reinigung des Behälters kann auf lange Sicht dazu beitragen, Insektenprobleme zu reduzieren.

3. Probleme mit der Wurmgesundheit:

Würmer können aufgrund verschiedener Umstände Anzeichen von Stress oder Krankheit zeigen, darunter falsche Ernährung, hohe Temperaturen oder unzureichende Einstreu.

Zu den Anzeichen für Stress gehören, dass sich Ihre Würmer nicht aktiv bewegen, verklumpt wirken oder aus dem Behälter klettern.

Lösung: Bewerten Sie Ihre Lagerplatzbedingungen. Stellen Sie sicher, dass der Feuchtigkeitsgehalt ausreichend ist (75–85 % Feuchtigkeit ist optimal), dass der pH-Wert eingestellt ist (6,0–8,0) und dass die Einstreu für Ihre Würmer akzeptabel ist. Wenn Würmer fliehen, kann es sein, dass ihre Umgebung zu feucht oder zu heiß ist. Erwägen Sie daher, sie umzusiedeln oder die Temperatur im Behälter zu ändern.

Sicherstellung der Langlebigkeit und Nachhaltigkeit Ihrer Wurmfarm

Eine erfolgreiche Wurmfarm erfordert Aufmerksamkeit auf Nachhaltigkeitstechniken und langfristige Pläne. Hier sind einige Möglichkeiten, wie Sie Ihren Würmern helfen können, langfristig zu überleben:

1. Diversifizierende Wurmdiät:

Von rEine regelmäßige Rotation und Variation der Ernährung Ihrer Würmer fördert ihr gesundes Wachstum und verhindert, dass sie von einer einzigen Nahrungsquelle abhängig werden. Durch die Einbeziehung verschiedener Küchenabfälle, Gartenabfälle und organischer Abfälle wird sichergestellt, dass Würmer eine ausgewogene, nährstoffreiche Ernährung haben.

2. Regelmäßige Wartung und Überwachung:

Eine kontinuierliche Überwachung des Zustands Ihres Wurmkastens ist unerlässlich. Überwachen Sie monatlich den Feuchtigkeitsgehalt und behalten Sie die Wurmpopulation im Auge. Wenn Sie gesundheitliche Probleme oder einen Rückgang der Anzahl bemerken, beheben Sie diese sofort, um ein größeres Problem zu vermeiden.

3. Bettwäsche-Management:

Auch die Verwendung des richtigen Einstreumaterials ist wichtig für die Wurmgesundheit. Organische Materialien wie zerkleinertes Zeitungspapier, Pappe oder Kokosnuss sind ein idealer Lebensraum. Um Ihre Würmer gesund zu halten, wechseln oder erneuern Sie die Einstreu regelmäßig.

4. Abfall reduzieren:

Ein Vorteil der Wurmzucht besteht darin, dass sie dazu beiträgt, Abfall zu reduzieren. Durch die Kompostierung von Küchenabfällen und anderen organischen Abfällen entsteht ein nachhaltiger Kreislauf. Versuchen Sie, den Abfall zu reduzieren, indem Sie verschiedene

Lebensmittelabfälle wiederverwenden, die andernfalls auf Mülldeponien landen würden.

Praktische Lösungen für Temperatur- und Feuchtigkeitsschwankungen

Temperatur und Feuchtigkeit in Ihrem Wurmkasten haben einen erheblichen Einfluss auf die Gesundheit Ihrer Würmer. Aufgrund von Umgebungsveränderungen oder fehlerhaften Behälterbedingungen kann es zu Schwankungen kommen. So gehen Sie effektiv mit diesen Schwierigkeiten um:

1. Überwachung der Temperatur:

Würmer gedeihen am besten bei Temperaturen zwischen 13 und 25 °C. Würmer können bei extremer Hitze sterben und kalte Temperaturen können ihren Stoffwechsel beeinträchtigen.

Lösungen: Verwenden Sie Thermometer, um die Temperatur Ihres Wurmkastens zu überprüfen. Wenn Sie an einem Ort mit schlechtem Wetter leben, isolieren Sie Ihren Behälter mit Decken oder lagern Sie ihn in einer temperaturkontrollierten Umgebung, z. B. in einem Keller. Wenn die Außentemperaturen über die empfohlenen Werte steigen, kann es hilfreich sein, den Mülleimer ins Haus zu bringen oder Schatten zu spenden.

2. Feuchtigkeitsmanagement:

Feuchtigkeit ist für die Gesundheit von Würmern notwendig, aber zu viel oder zu wenig kann schädlich sein. Die Einstreu sollte feucht, aber nicht durchnässt sein.

Lösungen: Wenn sich die Bettwäsche trocken anfühlt, besprühen Sie sie leicht mit Wasser, um Feuchtigkeit hinzuzufügen. Wenn die Einstreu übermäßig nass ist, verwenden Sie trockenes Einstreumaterial wie Zeitungsschnitzel oder Pappe, um die überschüssige Feuchtigkeit aufzusaugen. Die Aufrechterhaltung einer ordnungsgemäßen Entwässerung Ihres

Wurmkastens verringert auch die Wasseransammlung.

3. Anpassen des Behälterstandorts:

Wenn Sie Schwierigkeiten haben, die Temperatur und den Feuchtigkeitsgehalt zu kontrollieren, ist es möglicherweise an der Zeit, Ihren Wurmkasten an einen anderen Ort zu stellen. Erwägen Sie, es an einen stabileren Ort zu bringen, an dem es weder direkter Sonneneinstrahlung noch Zugluft ausgesetzt ist.

Durch die Bewältigung dieser typischen Schwierigkeiten wird eine robuste und nachhaltige Wurmfarm gewährleistet. Wenn Sie die Anforderungen Ihrer Würmer verstehen und die richtigen Umstände einhalten, können Sie Hürden überwinden und über Jahre hinweg von den zahlreichen Vorteilen der Wurmzucht profitieren.

KAPITEL 10

DIE ZUKUNFT DER WURMFARM

Die Wurmzucht oder Wurmzucht hat sich von einem Nischenhobby zu einem wichtigen Bestandteil der nachhaltigen Landwirtschaft und Abfallwirtschaft entwickelt. Wenn wir in die Zukunft der Wurmzucht blicken, ist es wichtig, Innovationen in der Technik, die steigende Nachfrage nach Wurmkultur und Wurmkompost sowie die Art und Weise, wie Wurmzüchter aktiv zu Nachhaltigkeitsbemühungen beitragen können, zu berücksichtigen.

Innovationen in Wurmzuchttechniken

Die Zukunft der Wurmzucht ist vielversprechend, was zum großen Teil auf fortlaufende Innovationen und technologische Fortschritte zurückzuführen ist. Mehrere Schlüsseltechniken gewinnen an Bedeutung und helfen Wurmzüchtern, ihre Abläufe zu optimieren und die Qualität ihrer Produkte zu verbessern:

Automatisierung und Technologieintegration: Die Integration von Technologie in die Wurmzucht hat die Branche revolutioniert. Automatisierte Systeme zur Fütterung, Überwachung der Umgebungsbedingungen und zur Ernte von Wurmabfällen werden immer häufiger eingesetzt. Sensoren, die Feuchtigkeit, Temperatur und pH-Werte überwachen, können Landwirte warnen, wenn Anpassungen erforderlich sind, und so ideale Bedingungen für die Gesundheit der Würmer gewährleisten. Diese Technologie steigert nicht nur die Produktivität, sondern senkt auch die Arbeitskosten und macht die Wurmzucht dadurch für neue Landwirte zugänglicher.

Biointensive Systeme: Biointensive Wurmzuchtsysteme konzentrieren sich auf die Maximierung des Ertrags bei gleichzeitiger Minimierung des Platzbedarfs. Techniken wie die vertikale Wurmzucht und das Stapeln von Wurmkästen ermöglichen es Landwirten, mehr Wurmkompost pro Quadratfuß zu produzieren. Besonders attraktiv sind diese Systeme im städtischen Umfeld, wo der Platz oft begrenzt ist. Durch den Einsatz von Tabletts oder Türmen können Landwirte die Behälter effizient stapeln, was die Verwaltung größerer Wurmpopulationen auf kleineren Flächen erleichtert.

Verbesserte Bettwarenmaterialien: Die Wahl des Einstreumaterials spielt eine entscheidende Rolle für die Gesundheit und Produktivität der Würmer. Innovative Optionen wie Kokosnuss,

Hanf und landwirtschaftliche Nebenprodukte werden auf ihre Vorteile gegenüber herkömmlichen Einstreumaterialien wie Papierschnitzel und Pappe untersucht. Diese Optionen speichern die Feuchtigkeit oft besser und liefern zusätzliche Nährstoffe, was zu gesünderen Würmern und nährstoffreicheren Würmern führt.

Forschung und Entwicklung in Wurmarten: Die Erforschung verschiedener Regenwurmarten hat zur Entdeckung effizienterer Komposter geführt. So ist beispielsweise die Eisenia fetida (Roter Schlangenfisch) nach wie vor beliebt, aber auch andere Arten werden auf ihre spezifischen Anpassungen an unterschiedliche Umgebungen und Futtermittel untersucht. Durch die Auswahl der besten Arten für bestimmte Bedingungen können Landwirte ihre Produktion optimieren und die Gesamtqualität ihres Wurmkomposts verbessern.

Bildung und gesellschaftliches Engagement: Während sich die Branche weiterentwickelt, nehmen die Bildungsinitiativen zu. Workshops, Online-Kurse und Community-Programme werden immer weiter verbreitet und ermöglichen so sowohl neuen als auch erfahrenen Landwirten den Austausch von Wissen und bewährten Praktiken. Durch die Förderung einer Kultur des kontinuierlichen Lernens kann die Wurmzüchtergemeinschaft sicherstellen, dass Innovationen weithin angenommen und an verschiedene landwirtschaftliche Situationen angepasst werden.

Die wachsende Nachfrage nach Vermikultur und Vermikompost

Die Nachfrage nach Wurmkultur und Wurmkompost steigt, getrieben durch das zunehmende Bewusstsein für nachhaltige Praktiken und den Bedarf an Lösungen für den ökologischen Landbau. Zu diesem Wachstum tragen mehrere Faktoren bei:

Nachhaltige Landwirtschaftspraktiken: Da immer mehr Landwirte und Gärtner auf nachhaltige Praktiken umsteigen, gewinnt

Wurmkompost aufgrund seiner Vorteile zunehmend an Anerkennung. Wurmkompost ist reich an Nährstoffen, nützlichen Mikroorganismen und organischem Material und verbessert die Gesundheit und Fruchtbarkeit des Bodens. Es wirkt als natürlicher Dünger und reduziert den Bedarf an synthetischen Chemikalien, die die Umwelt schädigen können. Die Bewegung für den ökologischen Landbau expandiert und Wurmkompost wird zu einem wichtigen Bestandteil dieser Praktiken.

Lösungen für die Abfallwirtschaft: Angesichts der zunehmenden Bedenken hinsichtlich der Abfallbewirtschaftung stellt die Vermikultur eine wirksame Lösung für das Recycling organischer Abfälle dar. Wurmzüchter können Küchenabfälle, Gartenabfälle und landwirtschaftliche Rückstände in wertvollen Kompost umwandeln. Da Städte und Gemeinden nach innovativen Abfallmanagementstrategien suchen, wird erwartet, dass die Nachfrage nach lokalen Wermutzuchtbetrieben steigen wird.

Urban Gardening und Zimmerpflanzenpflege: Der Urban Gardening-Trend hat Fahrt aufgenommen und immer mehr Menschen bauen auf begrenztem Raum ihre eigenen Lebensmittel an. Da Einzelpersonen nach biologischen Lösungen für ihre Hausgärten suchen, bietet Wurmkompost eine nachhaltige Möglichkeit zur Anreicherung ihres Bodens. Darüber hinaus verwenden Liebhaber von Zimmerpflanzen zunehmend Wurmguss, um das Pflanzenwachstum zu fördern, wodurch ein Nischenmarkt für Wurmkompostprodukte entsteht.

Bewusstsein für den Klimawandel: Das wachsende Bewusstsein für den Klimawandel und seine Auswirkungen hat Verbraucher und Unternehmen dazu veranlasst, nach umweltfreundlichen Lösungen zu suchen. Wurmkompostierung trägt zur Kohlenstoffbindung bei, da sie den Boden anreichert und seine Fähigkeit zur Kohlenstoffspeicherung verbessert. Da Unternehmen ihre Nachhaltigkeitsbilanz verbessern möchten, indem sie mit lokalen Wurmzüchtern zusammenarbeiten, kann der Einsatz von Wurmkompost einen Wettbewerbsvorteil verschaffen.

Forschung und Zusammenarbeit: Die laufende Forschung zu den Vorteilen von Wurmkompost ebnet den Weg für eine verstärkte Nutzung in verschiedenen Agrarsektoren. Studien belegen seine Wirksamkeit bei der Verbesserung der Ernteerträge, der Verbesserung der Bodenstruktur und der Unterstützung der Pflanzengesundheit. Die Zusammenarbeit zwischen Landwirten, Forschern und landwirtschaftlichen Institutionen ist von entscheidender Bedeutung, um die Vorteile der Wermutzucht zu fördern und ihre Anwendungsmöglichkeiten zu erweitern.

Wie Wurmzüchter Nachhaltigkeitsbemühungen unterstützen können

Wurmzüchter sind in der einzigartigen Position, zu umfassenderen Nachhaltigkeitsbemühungen beizutragen. Durch die Einführung umweltfreundlicher Praktiken und die Förderung ihrer Vorteile können sie eine wichtige Rolle bei der Förderung einer nachhaltigen Zukunft spielen:

Bildung und Interessenvertretung: Wurmzüchter können ihre Gemeinden über die Vorteile der Wurmkompostierung und nachhaltiger Praktiken aufklären. Indem sie Workshops veranstalten, Vorführungen anbieten oder mit Schulen und Gemeindegruppen interagieren, können sie das Bewusstsein dafür schärfen, wie Wurmzucht zur Abfallreduzierung und Bodengesundheit beiträgt. Das Eintreten für unterstützende Richtlinien und Praktiken kann eine nachhaltige Landwirtschaft weiter fördern.

Kooperationsinitiativen: Partnerschaften mit lokalen Unternehmen, Schulen und Kommunen können die Wirkung der Wurmzucht verstärken. Beispielsweise kann die Zusammenarbeit mit Restaurants beim Sammeln von Essensresten zur Kompostierung oder die Beteiligung von

Schulen an Wurmkulturprojekten das Gemeinschaftsgefühl stärken und gleichzeitig die Nachhaltigkeit fördern. Diese Initiativen können auch die praktischen Vorteile der Wurmkompostierung aufzeigen.

Reduzierung des Chemikalieneintrags: Wurmzüchter können mit gutem Beispiel vorangehen, indem sie den Einsatz von synthetischen Düngemitteln und Pestiziden in ihren Betrieben minimieren oder ganz eliminieren. Indem sie die Wirksamkeit natürlicher Inputs wie Wurmkompost demonstrieren, können sie andere in ihrer Gemeinde dazu inspirieren, ähnliche Praktiken anzuwenden und so die allgemeine Abhängigkeit von Chemikalien in der Landwirtschaft zu verringern.

Teilnahme an der Forschung: Die Beteiligung an Forschungsinitiativen mit Schwerpunkt auf der Vermikultur kann zur Entwicklung bewährter Verfahren und innovativer Techniken beitragen. Die Zusammenarbeit mit Universitäten und landwirtschaftlichen Institutionen kann dazu beitragen, wertvolle Daten zu sammeln, landwirtschaftliche Praktiken zu verbessern und die Vorteile der Wurmkompostierung zu bestätigen.

Förderung nachhaltiger Zertifizierungen: Die Suche nach Zertifizierungen, die nachhaltige Praktiken hervorheben, kann die Glaubwürdigkeit und Marktfähigkeit eines Wurmzüchters verbessern. Ob durch Bio-Zertifizierungen oder Nachhaltigkeitssiegel – diese Referenzen können Kunden anziehen, die Wert auf umweltfreundliche Produkte legen.

Die Zukunft der Wurmzucht steht vor Wachstum, angetrieben durch Innovation, steigende Nachfrage und ein gemeinsames Engagement für Nachhaltigkeit. Durch den Einsatz neuer Techniken, die Förderung der Vorteile der Wurmkompostierung und die aktive Beteiligung an Nachhaltigkeitsbemühungen können Wurmzüchter eine nachhaltigere Agrarlandschaft gestalten. Während sich die

Branche weiterentwickelt, wird die symbiotische Beziehung zwischen Würmern und der Umwelt weiterhin florieren und wesentliche Lösungen für einen gesünderen Planeten liefern.

KAPITEL 11

ENDGÜLTIGES FAZIT: EIN WURMFARMER-LEITFADEN ZUM ERFOLG

Wenn Sie Ihre Reise in die Wurmzucht beginnen, ist es wichtig, über die unzähligen Erkenntnisse und Erfahrungen nachzudenken, die zu einem erfolgreichen Betrieb beitragen. In diesem letzten Kapitel werden wir Schlüsselstrategien für den Erfolg herausarbeiten, Wege für kontinuierliches Lernen aufzeigen und Ressourcen und Unterstützungsnetzwerke identifizieren, die Ihre Reise in die Wurmzucht verbessern können.

Abschließende Tipps für eine blühende Wurmfarm

Klein anfangen, schrittweise skalieren:
Viele erfolgreiche Wurmzüchter beginnen mit einem kleinen Aufbau, um die Dynamik der Wurmpflege, des Futters und der Umgebung zu

verstehen. Eine kleine Operation ermöglicht es Ihnen, die Würmer genau zu überwachen und Anpassungen vorzunehmen, ohne sich selbst zu überfordern. Wenn Sie an Selbstvertrauen und Erfahrung gewinnen, können Sie Ihren Betrieb erweitern, um der größeren Nachfrage gerecht zu werden, oder verschiedene landwirtschaftliche Techniken ausprobieren.

Sorgen Sie für optimale Bedingungen:
Die ständige Beachtung der Bedingungen in Ihrer Wurmfarm ist von entscheidender Bedeutung. Regenwürmer gedeihen in einer feuchten Umgebung, idealerweise mit einem pH-Wert zwischen 6,0 und 7,0. Überprüfen Sie regelmäßig den Feuchtigkeitsgehalt und passen Sie das Einstreumaterial an, um sicherzustellen, dass es für Ihre Würmer weiterhin geeignet ist. Ebenso wichtig ist die Überwachung der Temperatur, da Würmer einen Bereich zwischen 55 °F und 77 °F bevorzugen. Plötzliche Schwankungen können Ihre Würmer belasten und ihre Gesundheit beeinträchtigen.

Füttern Sie mit Bedacht und regelmäßig:
Würmer sind keine wählerischen Esser, aber eine ausgewogene Ernährung ist für ihre Gesundheit und Produktivität von entscheidender Bedeutung. Verwenden Sie eine Mischung aus Küchenabfällen, zerkleinertem Zeitungspapier und kompostierbaren Materialien. Vermeiden Sie eine Überfütterung, da überschüssiges Futter zu Geruch und Schädlingen führen kann. Eine gute Vorgehensweise besteht darin, sie häufiger in kleineren Mengen zu füttern, damit Sie ihre Essgewohnheiten beobachten und bei Bedarf anpassen können.

Achten Sie auf Anzeichen von Stress:
Beobachten Sie Ihre Würmer regelmäßig auf Anzeichen von Stress, wie ungewöhnliches Verhalten, Lethargie oder das Entkommen aus der Tonne. Diese Anzeichen können auf Probleme mit Feuchtigkeit, Temperatur oder Fütterung hinweisen. Wenn Sie Probleme umgehend beheben, können Sie größere

Probleme verhindern und sicherstellen, dass Ihre Würmer gesund bleiben.

Üben Sie gute Erntetechniken:
Gehen Sie bei der Ernte vorsichtig vor. Verwenden Sie Techniken, die den Stress für Ihre Würmer minimieren, z. B. Lichteinwirkung, um sie zu ermutigen, tiefer in die Einstreu einzudringen. Wenn Sie die Würmer in mehreren Mengen statt auf einmal ernten, können Sie Ihre Wurmpopulation erhalten und erhalten gleichzeitig den nährstoffreichen Wurmkompost, den Sie für Ihre Garten- oder Landwirtschaftsbemühungen benötigen.

Führen Sie Aufzeichnungen:
Die Dokumentation Ihrer Praktiken, Beobachtungen und Ergebnisse ist von unschätzbarem Wert. Das Führen eines Tagebuchs oder Logbuchs kann Ihnen helfen, Wachstumsraten, Fütterungsmuster und Umweltbedingungen zu verfolgen. Diese Informationen helfen Ihnen nicht nur bei der

Optimierung Ihrer Praktiken, sondern können auch als nützliche Referenz für die Fehlerbehebung zukünftiger Probleme dienen.

Wie man in der Wurmzucht weiter lernt und wächst

Nehmen Sie an Workshops und Kursen teil:
Durch die Teilnahme an Workshops oder lokalen Kursen können Sie praktische Erfahrungen und Einblicke von erfahrenen Wurmzüchtern erhalten. Viele landwirtschaftliche Beratungsdienste und Gartenclubs bieten Ressourcen und Schulungen an. Durch den Austausch mit Experten können Sie sich mit fortschrittlichen Techniken und neuen Technologien in der Vermikultur vertraut machen.

Bleiben Sie über Forschung und Trends auf dem Laufenden:
Der Bereich der Wurmzucht und Kompostierung entwickelt sich ständig weiter. Abonnieren Sie Branchenzeitschriften, Newsletter oder Blogs

mit Schwerpunkt auf nachhaltiger Landwirtschaft und Wurmzucht. Wenn Sie über die neuesten Studien auf dem Laufenden bleiben, können Sie innovative Ideen zur Verbesserung Ihrer Praxis und zur Erweiterung Ihres Wissens erhalten.

Experimentieren Sie mit neuen Techniken:
Zögern Sie nicht, neue Methoden in Ihrer Wurmzucht auszuprobieren. Ganz gleich, ob Sie mit verschiedenen Arten von Einstreu experimentieren, Ihre Fütterungspraktiken variieren oder verschiedene Wurmarten verwenden – Experimente können zu Entdeckungen führen, die Ihren Betrieb erheblich verbessern.

Vernetzen Sie sich mit anderen Wurmzüchtern:
Durch den Kontakt zu anderen Wurmzüchtern kann eine unterstützende Gemeinschaft entstehen, in der Sie Erfahrungen, Herausforderungen und Erfolge austauschen können. Online-Foren und

Social-Media-Gruppen, die sich der Vermikultur widmen, können hervorragende Plattformen für Diskussionen und Lernen sein.

Nehmen Sie an Konferenzen und Veranstaltungen teil:
Durch die Teilnahme an Landwirtschaftsmessen, Nachhaltigkeitskonferenzen oder Ausstellungen zum Thema ökologischer Landbau können Sie Ihr Netzwerk und Ihre Wissensbasis erweitern. Bei diesen Veranstaltungen finden häufig Workshops, Referenten und Verkaufsstände statt, an denen neue Produkte und Techniken der Wurmzucht vorgestellt werden.

Ressourcen und Unterstützungsnetzwerke für Wurmzüchter

Online-Foren und Communities:
Websites wie Reddit oder spezielle Foren, die sich dem ökologischen Landbau und der Vermikultur widmen, eignen sich hervorragend, um Unterstützung zu finden, Fragen zu stellen und Erfahrungen auszutauschen. Beteiligen Sie

sich an Gesprächen und bringen Sie Ihre Erkenntnisse ein, um ein Gemeinschaftsgefühl aufzubauen.

Bücher und Veröffentlichungen:
Zahlreiche Bücher und Handbücher bieten ausführliche Informationen zu Techniken der Wurmzucht, der Biologie von Regenwürmern und bewährten Praktiken. Entdecken Sie sowohl klassische Texte als auch neu veröffentlichte Werke, um Ihr Verständnis zu verbessern und innovative Ideen zu sammeln.

Lokale landwirtschaftliche Beratungsbüros:
In vielen Regionen gibt es landwirtschaftliche Beratungsdienste, die Ressourcen, Workshops und persönliche Beratung für lokale Landwirte bereitstellen. Sie können auf Ihr spezifisches Klima und Ihre Bedingungen zugeschnittene Erkenntnisse liefern und Ihnen helfen, Ihren Wurmzuchtbetrieb zu optimieren.

Ressourcen für Universitäten und Forschungseinrichtungen:
Viele Universitäten forschen zu nachhaltiger Landwirtschaft und Vermikultur. Suchen Sie nach Erweiterungsprogrammen oder Veröffentlichungen von renommierten Institutionen, die evidenzbasierte Praktiken und aktuelle Forschungsergebnisse bereitstellen können.

Social-Media-Gruppen und -Seiten:
Auf Plattformen wie Facebook und Instagram gibt es zahlreiche Gruppen, die sich der Wurmzucht widmen. Diese Communities teilen oft Tipps, Erfolgsgeschichten und Ressourcen, die Ihnen helfen können, motiviert und informiert zu bleiben.

Lokale Bauernmärkte und Genossenschaften:
Durch die Zusammenarbeit mit lokalen Bauernmärkten können Sie Kontakte zu anderen Erzeugern knüpfen, die möglicherweise daran interessiert sind, den Wurmanbau in ihre Praktiken zu integrieren. Der Aufbau von

Beziehungen zu lokalen Erzeugern kann zu gemeinsamen Anstrengungen und gemeinsamen Ressourcen führen.

Gemeinnützige Organisationen und Verbände:
Organisationen, die sich auf nachhaltige Landwirtschaft und Umweltschutz konzentrieren, verfügen häufig über Ressourcen für Wurmzüchter. Der Beitritt zu solchen Organisationen kann Zugang zu Lehrmaterialien, Networking-Möglichkeiten und potenzieller Finanzierung für nachhaltige Praktiken ermöglichen.

Denken Sie beim Abschluss dieses Leitfadens daran, dass es bei der Reise eines Wurmzüchters nicht nur darum geht, Würmer zu züchten, sondern auch darum, eine Denkweise der Nachhaltigkeit, Neugier und Gemeinschaft zu fördern. Die Feinheiten der Wurmzucht erfordern Geduld, Hingabe und die Bereitschaft, sich anzupassen. Indem Sie die in diesem Kapitel beschriebenen Strategien befolgen, können Sie einen erfolgreichen und erfüllenden Wurmzuchtbetrieb aufbauen, der einen positiven Beitrag für Ihre Umwelt und Gemeinschaft leistet.

Ihre Reise fängt gerade erst an und mit jedem Wurm, den Sie pflegen, und jedem Pfund Wurmkompost, das Sie produzieren, tragen Sie zu einer nachhaltigeren Zukunft bei. Nehmen Sie die Herausforderungen an und feiern Sie die Erfolge, während Sie diesen lohnenden Weg fortsetzen. Viel Spaß bei der Wurmzucht.

www.ingramcontent.com/pod-product-compliance
Lightning Source LLC
Chambersburg PA
CBHW071506220526
45472CB00003B/934